FORSCHUNGSBERICHT DES LANDES NORDRHEIN-WESTFALEN

Nr. 3093 / Fachgruppe Bergbau/Energie

Herausgegeben vom Minister für Wissenschaft und Forschung

Prof. Dr.-Ing. Günther Dibelius
Dipl.-Ing. Volker Schumacher
Dipl.-Ing. Andreas Gebhardt

Lehrstuhl und Institut für Dampf- und Gasturbinen
der Rhein.-Westf. Techn. Hochschule Aachen

Das Teillastverhalten konventioneller Dampfkraftwerksblöcke

Westdeutscher Verlag 1982

CIP-Kurztitelaufnahme der Deutschen Bibliothek

Dibelius, Günther:
Das Teillastverhalten konventioneller Dampfkraftwerksblöcke / Günther Dibelius ; Volker Schumacher ; Andreas Gebhardt. - Opladen : Westdeutscher Verlag, 1981.

(Forschungsberichte des Landes Nordrhein-Westfalen ; Nr. 3093 : Fachgruppe Bergbau, Energie)

ISBN-13: 978-3-531-03093-7 e-ISBN-13: 978-3-322-87694-2

DOI: 10.1007/978-3-322-87694-2

NE: Schumacher, Volker:; Gebhardt, Andreas:; Nordrhein-Westfalen: Forschungsberichte des Landes ...

Herstellung: Westdeutscher Verlag

Lengericher Handelsdruckerei, 4540 Lengerich

ISBN-13: 978-3-531-03093-7

Inhalt

1. Einführung

Teillastrechnungen für konventionelle Dampfkraftwerksblöcke sind notwendig, um verschiedene Bauarten von Kraftwerksblöcken mit unterschiedlichen Regelkonzepten nicht nur bei Auslege-, sondern auch bei Teillast vergleichen zu können. Außerdem sind solche Rechnungen die Voraussetzung zur Untersuchung von Kombi - Blöcken, die bei Teillast betrieben werden sollen.

Bei der Beurteilung des Teillastverhaltens ist zwischen dem "stationären" und dem "dynamischen" Verhalten der Anlage zu unterscheiden. Die Kenntnis des stationären Betriebsverhaltens ist eine der Voraussetzungen für Untersuchungen des dynamischen Regelverhaltens.

Aus diesen Gründen wurde am Institut für Dampf- und Gasturbinen der RWTH Aachen ein Verfahren entwickelt, das in diesem Bericht vorgestellt wird, mit dem das stationäre Teillastverhalten eines Dampfkraftwerksblockes aus dem Teillastverhalten seiner Einzelkomponenten vorauszubestimmen ist.

Damit ist die Möglichkeit gegeben, sowohl die Regelungsart, die Schaltung und die Anpassung der Einzelkomponenten im Hinblick auf das Teillastverhalten eines Dampfkraftwerksblockes zu optimieren, als auch das Teillastverhalten von Kombi-Blöcken zu untersuchen.

2. Das Teillastverhalten von konventionellen Dampfkraftwerksblöcken

Das Teillastverhalten eines konventionellen Dampfkraftwerksblockes läßt sich durch folgenden Wirkungsgrad charakterisieren

$$\eta \equiv - \frac{P}{\dot{E}_{DT}} \qquad (2.1)$$

Hierin bedeuten

P = die elektrische Leistung, die an der Unterspannungsklemme des Netztransformators zur Verfügung steht und

$\dot{E}_{DT}$ = der dem Kessel zuzuführende Primärenergiestrom.

Das negative Vorzeichen ergibt sich aus der hier und im folgenden benutzten Konvention, nach der einem System zugeführte Leistungen positiv und entzogene Leistungen negativ anzusetzen sind.

Der Anlagenwirkungsgrad η läßt sich durch das Produkt dreier, mit guter Näherung unabhängig voneinander bestimmbarer Wirkungsgrade darstellen

$$\eta = \eta_E \cdot \eta_K' \cdot \eta_{DT} \qquad (2.2)$$

Dabei ist η_E der Eigenbedarfswirkungsgrad

$$\eta_E \equiv \frac{P}{P_{DT}} \quad , \qquad (2.3)$$

der das Verhältnis zwischen der vom Generator abgegebenen elektrischen Leistung (Klemmenleistung P_{DT}) und der an die Unterspannungsklemmen des Netztransformators gelieferten elektrischen Leistung P angibt. Die Differenz $P_E = P - P_{DT}$ wird auch Eigenbedarfsleistung genannt. Sie dient zur Aufbereitung und Förderung des Brennstoffes, zur Versorgung der Frischluft- und Sauggebläse, der Kühlwasser- und Umwälzpumpen etc.

Allgemein gültige Aussagen über die Änderung der Eigenbedarfsleistung mit der Last lassen sich nicht treffen, weil sie sehr stark durch die Fahrweise des Blockes geprägt ist. Z. B. kann in einem mit Kohle gefeuerten Block bei Teillast entweder ein Teil der Kohlemühlen vollständig abgeschaltet werden, was zu einer sprunghaften Änderung des Eigenbedarfs führt, oder aber es wird der Brennstoffdurchsatz für alle Mühlen gleichmäßig heruntergeregelt, was sich auf die Eigenbedarfsleistung kaum auswirkt.

Im vorliegenden Bericht wird die Änderung des Eigenbedarfswirkungsgrades mit der Last aus diesem Grunde nicht ausführlich behandelt.

Der Kesselwirkungsgrad η_K' ist hier folgendermaßen definiert

$$\eta_K' \equiv \frac{\dot{Q}_{zuDT}}{\dot{E}_{DT}} \quad . \qquad (2.4)$$

Er setzt die im Kessel und Zwischenüberhitzer an den Dampfkreislauf übertragene thermische Leistung $\dot{Q}_{zuDT}$ ins Verhältnis zum zugeführten Primärenergiestrom $\dot{E}_{DT}$.

Die Abhängigkeit des Kesselwirkungsgrades von der Last ist stark von der Kesselbauart abhängig. Innerhalb der vorliegenden Arbeit wird ein Zwangsdurchlaufkessel als eine Komponente des Dampfkraftwerksblockes betrachtet, dessen Teillastverhalten im Abschnitt 3.4 dieses Berichtes behandelt wird.

Der Klemmenwirkungsgrad η_{DT} des Dampfkraftwerksblockes setzt die vom Generator abgegebene elektrische Leistung P_{DT} ins Verhältnis zu der dem Dampfkreislauf zugeführten thermischen Leistung $\dot{Q}_{zuDT}$

$$\eta_{DT} \equiv - \frac{P_{DT}}{\dot{Q}_{zuDT}} \quad . \qquad (2.5)$$

Wie das Verhalten des Klemmenwirkungsgrades η_{DT} als Funktion der Klemmenleistung P_{DT} aus den Charakteristiken der Einzelkomponenten des Dampfkraftwerksblockes zu ermitteln ist wird im folgenden gezeigt.

2.1 Rechenmodell zur Ermittlung des Klemmenwirkungsgrades bei Teillast

Aus dem Studium der Prinzipschaltbilder von Dampfkraftwerksblöcken, wie Bild 1 eines beispielhaft zeigt, lassen sich die Komponenten des Blockes ermitteln, die sein Teillastverhalten ($\eta_{DT} = f(P_{DT})$) beeinflussen. Ausgehend vom Kondensator in Umlaufsinn des Wassers bzw. des Dampfes sind dies (siehe auch Bild 1)

- der Kondensator,
- die Kondensatpumpe,
- die Niederdruckvorwärmer (verschiedener Bauart),
- die Kesselspeisepumpe, angetrieben durch die Kesselspeisepumpenturbine, deren Abdampf in einem Zusatzkondensator niedergeschlagen wird,

  (Falls die Kesselspeisepumpe von einem Elektromotor angetrieben wird, ist die aufzuwendende elektrische Leistung beim Eigenbedarf des Blockes zu berücksichtigen.)
- die Hochdruckvorwärmer,
- der Kessel,
- der Hochdruckteil der Turbine mit seinen Regelorganen,
- der Zwischenüberhitzer und
- der zweiflutige Mittel- und der vierflutige Niederdruckteil der Turbine.

Zum Aufbau des Rechenmodells reicht diese Aufteilung des Blockes für manche Komponenten noch nicht aus.

Der Hoch-, Mittel- und Niederdruckteil der Turbine wird dazu in Stufengruppen unterteilt, innerhalb derer keine Massenstromänderungen auftreten. Einen weiteren Baustein stellt die Entwässerung der Turbine dar. Außerdem wird ein Teil der Verbindungsrohre als Komponente aufgefaßt, wozu unter anderem die Stopfbuchsenentlastungsleitungen des Hochdruckteiles und die Kühldampfleitung gehören.

Für alle Komponenten bzw. Bausteine des Blockes werden Einzelcharakteristiken bestimmt, die deren Teillastverhalten genügend genau wiedergeben.

Im Rechenprogramm werden die Einzelcharakteristiken durch die Wasser- und Dampfströme bzw. durch Wellen, die mechanische Leistungen übertragen, zum Gesamtblock verknüpft.

Bild 2 zeigt die Kopplung der Komponenten bzw. Bausteine zum Rechenmodell für den Dampfkraftwerksblock nach Bild 1.

Insgesamt entsteht ein sehr komplexes Gleichungssystem, das nur iterativ zu lösen ist.

3. Das Teillastverhalten der Komponenten

3.1 Rohre

Im vorliegenden Fall sind Rohre als Verbindungsleitungen zwischen verschiedenen Anlagenkomponenten sowie als Bausteine der Wärmeübertrager eingesetzt. Die Teillast eines Rohres ist ausreichend beschrieben, wenn für einen gegebenen Eintrittszustand, z. B. durch den Eintrittsdruck p_α und die Eintrittsenthalpie h_α repräsentiert, der Austrittszustand (p_ω, h_ω) berechnet werden kann. Bei bekannter Geometrie, gegebenem Teillastmassenstrom und bekannter Zustandsgleichung für das Fluid wird zur Berechnung des Austrittszustandes bei Teillast

der 1. Hauptsatz der Thermodynamik

$$q = h_{t\omega} - h_{t\alpha} \quad , \tag{3.1}$$

der Gibbs'sche Fundamentalsatz

$$h_\omega - h_\alpha = y + q + j \quad \text{und} \tag{3.2}$$

die Kontinuitätsgleichung

$$\dot{m} = c_\omega \cdot \rho_\omega \cdot A_\omega = c_\alpha \cdot \rho_\alpha \cdot A_\alpha \tag{3.3}$$

benutzt. Hier bedeuten

q = auf den Durchsatz bezogene zu- oder abgeführte Wärme

h_t = spezifische Totalenthalpie,

h = spezifische Enthalpie,

$y = \int_\alpha^\omega \frac{dp}{\rho}$ = spezifische Strömungsarbeit,

j = spezifische Dissipation,

ρ = Dichte des Fluids,

A = Strömungsquerschnitt und

c = Strömungsgeschwindigkeit normal zum Querschnitt A.

Mit der Beziehung

$$h_t = h(p,T) + \frac{c^2}{2} + g \cdot z \qquad (3.4)$$

ist der Zusammenhang zwischen spezifischer Total- und stat. Enthalpie hergestellt, wobei $c^2/2$ den kinetischen und $g \cdot z$ den potentiellen Energieanteil angibt.

Allgemein läßt sich damit für die spezifische Enthalpie am Austritt eines betrachteten Systems schreiben

$$h_\omega = q + h_\alpha + \frac{c_\alpha^2}{2} - \frac{c_\omega^2}{2} + g \cdot (z_\alpha - z_\omega) \; . \qquad (3.5)$$

Setzt man die spezifische Dissipation innerhalt des interessierenden Systems proportional zum Quadrat der Strömungsgeschwindigkeit, so kann auch der Totaldruckverlust angegeben werden,

$$j = \zeta \cdot \frac{c^2}{2} = - \frac{p_{t\omega} - p_{t\alpha}}{\bar{\rho}} = - \frac{\Delta p_t}{\bar{\rho}} \qquad (3.6)$$

wobei $\bar{\rho}$ ein geeignet zu wählender Mittelwert für die Dichte des Fluids ist.

Durch Beziehen auf den als bekannt vorausgesetzten Auslegungs- bzw. Vollastzustand, hier und im Folgenden mit "o" indiziert, ergibt sich der bezogene Totaldruckverlust

$$\Delta p_t^* = \frac{\Delta p_t}{\Delta p_{to}} = \frac{\zeta}{\zeta_o} \left(\frac{A_o}{A}\right)^2 \cdot \frac{\bar{\rho}_o}{\bar{\rho}} \cdot \left(\frac{\dot{m}}{\dot{m}_o}\right)^2 \quad . \qquad (3.7)$$

Setzt man voraus, daß der Verlustkoeffizient ζ unabhängig von der Reynoldszahl ist, so bleibt für das Rohr, bei dem sich auch der Strömungsquerschnitt A nicht ändert

$$\Delta p_t^* = \frac{\bar{\rho}_o}{\bar{\rho}} \cdot \left(\frac{\dot{m}}{\dot{m}_o}\right)^2 \quad .$$

Mit dieser charakteristischen Größe für das Teillastverhalten eines Rohres ist der Austrittsdruck p_ω zu berechnen aus

$$p_\omega = p_\alpha - \bar{\rho} \cdot \left(\frac{c_\omega^2}{2} - \frac{c_\alpha^2}{2}\right) - \bar{\rho} \cdot g \cdot (z_\omega - z_\alpha) + \Delta p_t^* \cdot \Delta p_{to} . \qquad (3.8)$$

Mit den hier angegebenen Gleichungen ist das Teillastverhalten von Rohren, allerdings nur iterativ, zu bestimmen.

3.2 Speisewasservorwärmer

Bei der Berechnung der Vorwärmer unterscheiden wir zwischen Oberflächenvorwärmern, bei denen die Wärme durch Wände übertragen wird und Mischvorwärmern, bei denen ein heißer und ein kalter Massenstrom gemischt werden.

Gemeinsam gilt für die Rechenmodelle, die das Teillastverhalten der Vorwärmer beschreiben, daß die Geometrie, die Massenströme und die Zustandsgrößen in allen interessierenden Punkten im Auslegungs- bzw. Vollastzustand gegeben sind. Ferner seien für die Teillastzustände gegeben

- der Speisewassermassenstrom $\dot{m}_{Sp}$ und dessen Zustand am Eintritt, repräsentiert durch den Eintrittsdruck p_{SpE} und die Eintrittstemperatur T_{SpE},
- der Zustand des Entnahmedampfmassenstromes durch den Druck p_D und die Temperatur T_D und
- der aus vorhergehenden Vorwärmern stammende Kondensationsmassenstrom $\dot{m}_{KE}$ und dessen spezifische Totalenthapie h_{tKE}.

Weiter wird vorausgesetzt, daß, wie üblich, eine Wasserstandsregelung eingebaut ist, die den Abfluß des Kondensatmassenstromes $\dot{m}_{KA}$ den Betriebszuständen anpaßt.

Zur Charakterisierung des Teillastverhaltens der Vorwärmer werden hier berechnet:

- der Wärmeübertragerausnutzungsgrad

$$\varepsilon_{VW} = \frac{T_{SpA} - T_{SpE}}{T_D - T_{SpE}} \tag{3.9}$$

  aus dem die Austrittstemperatur des Speisewassers T_{SpA} folgt,

- der Druck am Speisewasseraustritt p_{SpA},
- der Entnahmedampfmassenstrom $\dot{m}_D$ und
- der Zustand des abfließenden Kondensates.

3.2.1 Oberflächenvorwärmer

Hier ist zwischen Vorwärmern mit und ohne Pumpe zu unterscheiden. Beim Vorwärmer ohne Pumpe wird das anfallende Kondensat über eine Drossel einem anderen Vorwärmer oder dem Kondensator zugeführt, der ein niedrigeres Druckniveau besitzt. Beim Vorwärmer mit Pumpe wird der Kondensatmassenstrom dem austretenden Speisewasserstrom zugemischt. Dazu muß die Pumpe die zwischen Speisewasser und Kondensat bestehende Druckdifferenz überwinden.

3.2.1.1 Oberflächenvorwärmer ohne Pumpe

Das mathematische Modell, daß das Teillastverhalten der Oberflächenvorwärmer ohne Pumpe beschreibt ist, wie Bild 3 zeigt, unterteilt in:

- den Enthitzerteil, in dem der überhitzte Entnahmedampf bis zur Kondensationstemperatur abgekühlt wird,
- den Kondensationsteil, in dem der Dampf kondensiert und
- den Unterkühlungsteil, in dem der Entnahmemassenstrom unter die Kondensationstemperatur abgekühlt wird.

Legt man das Null-Niveau der potentiellen Energie (z = 0) in den Kondensatspiegel und nimmt an, daß hier auch der kinetische Energieanteil verschwindet, so läßt sich mit guter Näherung analog zu Gleichung **3.8 mit** 3.7 der Kondensationsdruck bzw. Sättigungsdruck p_S gewinnen zu:

$$p_S = p_D + \rho_D \cdot \frac{c_D^2}{2} + \rho_D\, g \cdot z_D + \Delta p_{to} \cdot \frac{\rho_{Do}}{\rho_D} \cdot \left(\frac{\dot{m}_D}{\dot{m}_{Do}}\right)^2 \quad (3.10)$$

Da Druck und Temperatur auf der Sättigungslinie miteinander verknüpft sind, ist damit auch die Sättigungstemperatur T_S gegeben.

Ebenso ergibt sich für den Austrittsdruck des Kondensats

$$p_{KA} = p_S - \rho' \cdot \frac{c_{KA}^2}{2} - \rho' \cdot g \cdot z_{KA} + \Delta p_{to} \cdot \frac{\rho'_o}{\rho'} \cdot \left(\frac{\dot{m}_{KA}}{\dot{m}_{KAo}}\right)^2 \quad . \tag{3.11}$$

Definiert man für den Ausnutzungsgrad des Unterkühlungsteils

$$\varepsilon_U = \frac{T_{Sp2} - T_{SpE}}{T_S - T_{SpE}} \tag{3.12}$$

so ist mit diesem auch die Temperatur T_{Sp2} (siehe Bilde 3) des Speisewassers am Eintritt des Kondensationsteiles gegeben.

Durch Ansatz des 1. Hauptsatzes auf der Speisewasserseite

$$\dot{Q}_U = \dot{m}_{Sp} \cdot \bar{c}_W \Big|_{T_{SpE}}^{T_{Sp2}} \cdot (T_{Sp2} - T_{SpE}) \tag{3.13}$$

und auf der Kondensatseite

$$\dot{Q}_U = (\dot{m}_D + \dot{m}_{KE}) \cdot \bar{c}_W \Big|_{T_{KA}}^{T_S} \cdot (T_S - T_{KA}) \tag{3.14}$$

wobei hier die kinetischen und potentiellen Energieanteile vernachlässigt sind und $\bar{c}_W$ die mittlere spezifische Wärmekapazität des jeweils betrachteten Fluides ist, sowie mit der Gleichung für den Wärmedurchgang

$$\dot{Q}_U = k_U \cdot A_{iU} \cdot \frac{(T_S - T_{Sp2}) - (T_{KA} - T_{SpE})}{\ln\ [(T_S - T_{Sp2})/(T_{KA} - T_{SpE})]} \tag{3.15}$$

kann der auf den Auslegungsfall bezogene Ausnutzungsgrad ε_u^* des Unterkühlungsteils berechnet werden. (Zur Vereinfachung der Schreibweise sind alle auf den Auslegungsfall bezogene Größen durch einen hochgestellten Stern (*) gekennzeichnet.) Um diesen Ausnutzungsgrad berechnen zu können, muß allerdings auch der bezogene Wärmedurchgangskoeffizient k_u^* bekannt sein. Ihn gewinnen wir aus den Wärmeübergangskoeffizienten α eines Rohres, für den gilt:

$$\frac{1}{k} = \frac{1}{\alpha_a} + \frac{d_a}{d_i} \cdot \frac{1}{\alpha_i} + \frac{d_a}{2 \cdot \lambda_R} \cdot \ln\left(\frac{d_a}{d_i}\right) . \tag{3.16}$$

Dabei ist

α_i = Wärmeübergangskoeffizient im Rohrinnern,

α_a = äußerer Wärmeübergangskoeffizient,

λ_R = Wärmeleitfähigkeit des Rohrmateriales,

d_i = Rohrinnendurchmesser und

d_a = Rohraußendurchmesser.

Der bezogene Wärmedurchgangskoeffizient für den Unterkühlungsteil folgt daraus zu

$$k_U^* = \frac{1 + W_{KU1} + W_{KU2}}{1/\alpha_{iU}^* + W_{KU2}/\alpha_{aU}^* + W_{KU2}} \tag{3.17}$$

wobei für die Konstanten gilt:

$$W_{KU1} = \frac{\alpha_{iUo} \cdot d_{iU}}{\alpha_{aUo} \cdot d_{aU}} \tag{3.18}$$

$$W_{KU2} = \frac{\alpha_{iUo} \cdot d_{iU}}{2 \cdot \lambda_R} \cdot \ln\left(\frac{d_{aU}}{d_{iU}}\right) \tag{3.19}$$

Bei Wärmeübergangsproblemen ohne Phasenwechsel kann für die Nusseltzahl angesetzt werden

$$Nu = C \cdot Re^x \cdot Pr^y \tag{3.20}$$

mit Re = Reynoldszahl und Pr = Prandtlzahl. Für die bezogenen Wärmeübergangskoeffizienten läßt sich damit **schreiben**

$$\alpha^* = \frac{\alpha}{\alpha_o} = \left(\frac{\dot{m}}{\dot{m}_o}\right)^x \cdot \left(\frac{\bar{c}_W}{\bar{c}_{Wo}}\right)^y \cdot \left(\frac{\bar{\lambda}}{\bar{\lambda}_o}\right)^{(1-y)} \cdot \left(\frac{\bar{\eta}}{\bar{\eta}_o}\right)^{(y-x)} . \tag{3.21}$$

Dabei ist

$\dot{m}$ = der Massenstrom,

$\bar{c}_W$ = die mittlere spezifische Wärmekapazität,

$\bar{\lambda}$ = die mittlere Wärmeleitfähigkeit und

$\bar{\eta}$ = die mittlere kinematische Viskosität

des betrachteten Fluides.

Aus den Nusseltgesetzten /1/, z. B. für Re um $2{,}3 \cdot 10^5$ und Pr ≈ 1, werden die Exponenten zu x = 0,8 und y = 0,62 gefunden.

Speziell für den Unterkühlungsteil ergibt sich

$$\alpha^*_{iU} = (\dot{m}^*_{Sp})^x \cdot (\bar{c}^*_{WSp})^y \cdot (\bar{\lambda}^*_{Sp})^{(1-y)} \cdot (\bar{\eta}^*_{Sp})^{(y-x)} \qquad (3.22)$$

und

$$\alpha^*_{aU} = (\dot{m}^*_{KA})^x \cdot (\bar{c}^*_{WK})^y \cdot (\bar{\lambda}^*_{K})^{(1-y)} \cdot (\bar{\eta}^*_{K})^{(y-x)} \qquad (3.23)$$

Mit all diesen Vorbereitungen läßt sich für den Ausnutzungsgrad des Unterkühlungsteiles schreiben:

$$\varepsilon_U = \frac{e^{\frac{k^*_U \cdot A^*_{iU}}{\dot{m}^*_{Sp} \cdot \bar{c}^*_{WSp}} \cdot W_{\varepsilon U1} \cdot \left(\frac{\dot{m}^*_{Sp} \cdot \bar{c}^*_{WSp}}{\dot{m}^*_{KA} \cdot \bar{c}^*_{WK}} \cdot W_{\varepsilon U2} - 1\right)} - 1}{\frac{\dot{m}^*_{Sp} \cdot \bar{c}^*_{WSp}}{\dot{m}^*_{KA} \cdot \bar{c}^*_{WK}} \cdot W_{\varepsilon U2} \cdot e^{\frac{k^*_U \cdot A^*_{iU}}{\dot{m}^*_{Sp} \cdot \bar{c}^*_{WSp}} \cdot W_{\varepsilon U1} \cdot \left(\frac{\dot{m}^*_{Sp} \cdot \bar{c}^*_{WSp}}{\dot{m}^*_{KA} \cdot \bar{c}^*_{WK}} \cdot W_{\varepsilon U2} - 1\right)} - 1} \qquad (3.24)$$

mit

$$W_{\varepsilon U1} = \frac{k_{Uo} \cdot A_{iUo}}{\dot{m}_{Spo} \cdot \bar{c}_{WSpo}} \qquad (3.25)$$

und

$$W_{\varepsilon U2} = \frac{\dot{m}_{Spo} \cdot \bar{c}_{WSpo}}{\dot{m}_{KAo} \cdot \bar{c}_{WKo}} \qquad (3.26)$$

Diese Gleichung hat den Vorteil, daß sie nur bezogene Stoffwerte und Massenströme (auf der Speisewasserseite mit Sp und auf der Kondensatseite mit K indiziert) sowie die bezogene Übertragerfläche enthält. Damit ist der Einstieg (schätzen der 1. Näherungswerte) in die insgesamt notwendigerweise iterativ durchzuführende Rechnung leicht möglich.

Für den Kondensationsteil des Wärmetauschermodelles definierten wir den Ausnutzungsgrad

$$\varepsilon_K = \frac{T_{Sp3} - T_{Sp2}}{T_S - T_{Sp2}} \quad . \tag{3.27}$$

Etwas umgeformt gilt auch

$$\varepsilon_K = 1 - \frac{T_S - T_{Sp3}}{T_S - T_{Sp2}} \quad . \tag{3.27.1}$$

Mit dem 1. Hauptsatz für den Speisewasserpfad bei Vernachlässigung der kinetischen und potentiellen Energieanteile

$$\dot{Q}_K = \dot{m}_{Sp} \cdot \bar{c}_W \Big|_{T_{Sp3}}^{T_{Sp2}} \cdot (T_{Sp3} - T_{Sp2}) \tag{3.28}$$

und der Gleichung für den Wärmedurchgang

$$\dot{Q}_K = k_K \cdot A_{iK} \cdot \frac{T_{Sp3} - T_{Sp2}}{\ln\,[(T_S - T_{Sp2})/(T_S - T_{Sp3})]} \tag{3.29}$$

läßt sich für das Verhältnis der Temperaturdifferenzen in Gleichung 3.27.1 schreiben

$$\frac{T_S - T_{Sp3}}{T_S - T_{Sp2}} = e^{-\frac{k_K \cdot A_{iK}}{\dot{m}_{Sp} \cdot \bar{c}_{WSp}}} \quad . \tag{3.30}$$

Damit ist der Ausnutzungsgrad des Kondensationsteiles als Funktion des bezogenen Speisewassermassenstromes $\dot{m}^*_{Sp}$, der bezogenen mittleren spezifischen Wärmekapazität $\bar{c}_{WSp}$, der bezogenen Übertragerfläche A^*_{iK} und dem bezogenen Wärmedurchgangskoeffizienten

k_K^* darstellbar :

$$\varepsilon_K = 1 - e^{-\frac{k_K^* \cdot A_{iK}^*}{\dot{m}_{Sp}^* \cdot \bar{c}_{WSp}^*} \cdot W_{\varepsilon K}} \qquad (3.31)$$

mit der Konstanten

$$W_{\varepsilon K} = \frac{k_{Ko} \cdot A_{iKo}}{\dot{m}_{Spo} \cdot \bar{c}_{WSPo}} \quad . \qquad (3.32)$$

Die Berechnung des bezogenen Wärmedurchgangskoeffizienten k_K^* erfolgt analog zu Gleichung 3.17, wobei auch der innere bezogene Wärmeübergangskoeffizient analog zu Gleichung 3.22 bestimmt wird.

Um die Unsicherheit bei der Bestimmung des äußeren Wärmeübergangskoeffizienten möglichst klein zu halten, wird hier nicht mit einem Nusseltgesetz gearbeitet, sondern folgender Weg beschritten:

Aus der Energiebilanz für das Speisewasser (Gl. 3.28) und der Beziehung für den Wärmeübergang an der Rohraußenwand

$$\dot{Q}_K = \alpha_{aK} \cdot A_{aK} \cdot (T_S - T_{WaK}) \qquad (3.33)$$

kann für den äußeren Wärmeübergangskoeffizienten geschrieben werden

$$\alpha_{aK} = \frac{\dot{m}_{Sp} \cdot \bar{c}_{WSp}}{A_{aK}} \cdot \frac{T_{Sp3} - T_{Sp2}}{T_S - T_{WaK}} \quad . \qquad (3.34)$$

Aus Gleichung 3.28 mit der Beziehung für die Wärmeleitung durch die Rohrwände

$$\dot{Q}_K = \frac{2 \cdot \lambda_R \cdot A_{iK}}{d_{iK} \cdot \ln(d_{aK}/d_{iK})} \cdot (T_{WaK} - T_{WiK}) \qquad (3.35)$$

kann die Temperatur an der Außenwand des Rohres ersetzt werden.

$$T_{WaK} = T_{WiK} + (T_{Sp3} - T_{Sp2}) \cdot \frac{\dot{m}_{Sp} \cdot \bar{c}_{WSp} \cdot d_{iK}}{2 \cdot \lambda_R \cdot A_{iK}} \cdot \ln\left(\frac{d_{aK}}{d_{iK}}\right) . \quad (3.36)$$

Wiederum mit dem 1. Hauptsatz (Gl. 3.28) und der Gleichung für den Wärmeübergang im Rohrinnern

$$\dot{Q}_K = \alpha_{iK} \cdot A_{iK} \cdot \frac{T_{Sp3} - T_{Sp2}}{\ln\left[(T_{WiK} - T_{Sp2})/(T_{WiK} - T_{Sp3})\right]} \quad (3.37)$$

wird die Temperatur an der Rohrinnenwand substituiert.

$$T_{WiK} = \frac{T_{Sp2} - T_{Sp3} \cdot e^{\frac{\alpha_{iK} \cdot A_{iK}}{\dot{m}_{Sp} \cdot \bar{c}_{WSp}}}}{1 - e^{\frac{\alpha_{iK} \cdot A_{iK}}{\dot{m}_{Sp} \cdot \bar{c}_{WSp}}}} \quad (3.38)$$

Weiter kann mit den Definitionsgleichungen für die Ausnutzungsgrade des Unterkühlungs- und des Kondensationsteils (Gleichung 3.12 bzw. 3.27) die Temperaturerhöhung des Speisewasserstromes im Kondensationsbereich ersetzt werden durch

$$T_{Sp3} - T_{Sp2} = (T_S - T_{SpE}) \cdot \varepsilon_K \cdot (1 - \varepsilon_u) . \quad (3.39)$$

Mit all diesen Beziehungen folgt nach längerer Umformung eine iterativ zu lösende Gleichung für den bezogenen Wärmeübergangskoeffizienten an der Rohraußenwand im Kondensationsbereich

$$\alpha^*_{aK} = \frac{W_{\alpha 2}}{\dfrac{W_{\alpha 1} \cdot (1 + W_{\alpha 2} + W_{\alpha 3})}{\dot{m}^*_{Sp} \cdot \bar{c}^*_{WSp} \cdot \ln\left(1 - \dfrac{1}{\dot{m}^*_{Sp} \cdot \bar{c}^*_{WSp} \cdot \left[\dfrac{W_{\alpha 4}}{\alpha^*_{aK} \cdot A^*_{iK}} + W_{\alpha 6}\right] + \dfrac{1}{1 - e^{-\frac{\alpha^*_{iK} \cdot A^*_{iK}}{\dot{m}^*_{Sp} \cdot \bar{c}^*_{WSp}} \cdot W_{\alpha 5}}}}\right)} + \dfrac{1}{\alpha^*_{iK}} + W_{\alpha 3}} \quad (3.40)$$

Die Konstanten folgen aus der Auslegung und der Geometrie des Wärmetauschers:

$$W_{\alpha 1} = \frac{k_{Ko} \cdot A_{iKo}}{\dot{m}_{Spo} \cdot \bar{c}_{WSpo}} \tag{3.41}$$

$$W_{\alpha 3} = \frac{\alpha_{iKo}}{2 \cdot \lambda_R} \cdot d_{iK} \cdot \ln\left(\frac{d_{aK}}{d_{iK}}\right) \tag{3.42}$$

$$W_{\alpha 5} = W_{\alpha 1} \cdot \frac{\alpha_{iKo}}{k_{Ko}} \tag{3.43}$$

$$W_{\alpha 2} = 1 + W_{\alpha 3} - W_{\alpha 1} \cdot W_{\alpha 5} \tag{3.44}$$

$$W_{\alpha 6} = W_{\alpha 3} \;/\; W_{\alpha 5} \tag{3.45}$$

$$W_{\alpha 4} = \frac{1}{\varepsilon_{Ko}} - \left(\frac{1}{1-e^{-W_{\alpha 5}}} + W_{\alpha 6}\right) \tag{3.46}$$

Mit den bis zu dieser Stelle berechneten **Größen** kann aus einer Energiebilanz, die den Kondensationsteil des Wärmetauschers umschließt der Entnahmedampfmassenstrom berechnet werden.

$$\dot{m}_D = \frac{\dot{m}_{Sp} \cdot (h_{tSp3} - h_{tSp2}) - \dot{m}_{KE} \cdot (h_{tKE} - h')}{h'' - h'} \tag{3.47}$$

Durch Ansatz des 1. Hauptsatzes für den Speisewasserpfad des Enthitzers bei Vernachlässigung der kinetischen und potentiellen Energieanteile

$$\dot{Q}_E = \dot{m}_{Sp} \cdot \bar{c}_W \Big|_{T_{SpA}}^{T_{Sp3}} \cdot (T_{SpA} - T_{Sp3}) \tag{3.48}$$

und für den Pfad des Entnahmedampfes im Enthitzer

$$\dot{Q}_E = \dot{m}_D \cdot (h_{tD} - h'') \tag{3.49}$$

folgt mit der Beziehung

$$T_{Sp3} = T_{SpE} + (T_S - T_{SpE}) \cdot (\varepsilon_U + \varepsilon_K \cdot (1-\varepsilon_U)) \tag{3.50}$$

für die Austrittstemperatur des Vorwärmers

$$T_{SpA} = T_{SpE} + (T_S - T_{SpE}) \cdot (\varepsilon_U + \varepsilon_K \cdot (1-\varepsilon_U)) + \frac{\dot{m}_D \cdot (h_{tD} - h'')}{\dot{m}_{Sp} \cdot \bar{c}_{WSp}} \quad . \tag{3.51}$$

Der Speisewasseraustrittsdruck wird aus folgender Gleichung, analog zur Berechnung des Sättigungsdruckes (Gl. 3.10) bzw. des Kondensataustrittsdruckes (Gl. 3.11), berechnet

$$p_{SpA} = p_{SpE} - \rho_{SpE} \cdot \left(\frac{c_{SpA}^2}{2} - \frac{c_{SpE}^2}{2}\right) - \rho_{SpE} \cdot g \cdot (z_{SpA} - z_{SpE}) + \Delta p_{to} \cdot \frac{\rho_{SpEo}}{\rho_{SpE}} \cdot \left(\frac{\dot{m}_{Sp}}{\dot{m}_{Spo}}\right)^2 . \tag{3.52}$$

Mit dem jetzt bekannten Austrittszustand des zu erwärmenden Speisewassers (p_{SpA}, T_{SpA}) kann jetzt mit Gleichung 3.4 die spezifische Totalenthalpie des austretenden Speisewassers berechnet werden. Eine Energiebilanz, die den gesamten Wärmetauscher umschließt liefert dann die Beziehung für die noch zu berechnende spezifische Totalenthalpie des austretenden, abgekühlten Kondensates

$$h_{tKA} = \frac{\dot{m}_D \cdot h_{tD} + \dot{m}_{KE} \cdot h_{tKE} - \dot{m}_{Sp} \cdot (h_{tSpA} - h_{tSpE})}{\dot{m}_D + \dot{m}_{KE}} \quad . \tag{3.53}$$

Damit liegt der Kondensataustrittszustand eindeutig fest (der Druck p_{KA} aus Gleichung 3.11); denn die statische Temperatur T_{KA} läßt sich mit Hilfe von Gleichung 3.4 und der Zustandsgleichung für das Fluid bestimmen.

Die gesamte wärmeübertragende Innenfläche des Vorwärmers A_{iVW} ist bei allen Lasten konstant. Nach der genommenen Modellvorstellung, Bild 3, läßt sie sich ausdrücken durch

$$A_{iVW} = A_{iVWo} = A^{*}_{iU} \cdot A_{iUo} + A^{*}_{iK} \cdot A_{iKo} + A^{*}_{iE} \cdot A_{iEo} \quad . \quad (3.54)$$

Die einzelnen **Flächenanteile des** Modells können sich demnach bei Teillast im allgemeinen ändern, wenn dabei nur Gleichung (3.54) erfüllt ist.

Infolge der vorausgesetzten Wasserstandsregelung nehmen wir an, daß die Fläche des Unterkühlungsteiles bei Teillast konstant bleibt ($A_{iU} = A_{iUo}$ bzw. $A^{*}_{iU} = 1$).

Mit dem Ansatz des 1. Hauptsatzes für Speisewasser- und Entnahmedampfpfad, sowie aus der noch nicht benutzten Beziehung des Wärmedurchganges im Enthitzerteil folgt für die bezogene, innere Übertragerfläche des Enthitzers

$$A^{*}_{iE} = \frac{A_{iE}}{A_{iEo}} = \frac{\dot{m}^{*}_{D} \cdot \bar{c}^{*}_{D}}{k^{*}_{E}} \cdot \frac{1 - \dfrac{\dot{m}_D \cdot \bar{c}_D}{\dot{m}_{Sp} \cdot \bar{c}_{WSp}}}{1 - \dfrac{\dot{m}_{Do} \cdot \bar{c}_{Do}}{\dot{m}_{Spo} \cdot \bar{c}_{WSpo}}} \cdot \frac{\ln \left\langle \dfrac{T_D - T_{SpA}}{(T_S - T_{SpA}) + (T_D - T_S) \cdot \dot{m}_D \cdot \bar{c}_D / (\dot{m}_{Sp} \cdot \bar{c}_{WSp})} \right\rangle}{\ln \left\langle \dfrac{T_{Do} - T_{SpAo}}{(T_{So} - T_{SpAo}) + (T_{Do} - T_{So}) \cdot \dot{m}_{Do} \cdot \bar{c}_{Do} / (\dot{m}_{Spo} \cdot \bar{c}_{WSpo})} \right\rangle} \quad (3.55)$$

Dabei ist $\bar{c}_D$ die mittlere spezifische Wärmekapazität des Entnahmedampfstromes.

Der benötigte Wärmedurchgangskoeffizient k^{*}_{E} folgt analog zu dem des Unterkühlers aus dem beschriebenen Potenzansatz für die Nusseltzahl (Gl. 3.20).

Aus Gleichung (3.54) folgt für die bezogene, wärmeübertragende Innenfläche des Kondensationsteiles bei Teillast

$$A^{*}_{iK} = \frac{A_{iVWo}}{A_{iKo}} - \frac{A_{iUo}}{A_{iKo}} - \frac{A_{iEo}}{A_{iKo}} \cdot A^{*}_{iE} \quad . \quad (3.56)$$

Mit dem hier angeschriebenen Gleichungssystem ist das Teillastverhalten von Oberflächenvorwärmern ohne Pumpe, wie die Bilder 4 und 5 zeigen, mit guter Näherung zu beschreiben.

Auf Bild 4 sind die bezogenen Totaldruckverluste im Speisewasserpfad Δp^*_{tSp}, im Enthitzer Δp^*_{tE} und im Unterkühler Δp^*_{tU} in Abhängigkeit vom bezogenen Speisewassermassenstrom $\dot{m}^*_{Sp}$ beispielhaft für den ersten Hochdruckvorwärmer des nach Bild 1 projektierten Blockes dargestellt. Als Kreis sind zusätzlich Projektierungsdaten /2/ zum Vergleich eingetragen.
Bild 5 zeigt den bezogenen Wärmeübertragerausnutzungsgrad ε^*_{VW}, den bezogenen Entnahmedampfmassenstrom $\dot{m}^*_D$ und die bezogene spezifische Totalenthalpie des austretenden Kondensatstromes h^*_{tKA} als Funktion des bezogenen Speisewassermassenstromes $\dot{m}^*_{Sp}$. Auch hier sind einige Meßergebnisse miteingetragen.

Der Versuch das Gleichungssystem wesentlich zu vereinfachen, führte bisher zu unbefriedigenden Ergebnissen. Deshalb wird bei der Berechnung des Teillastverhaltens des gesamten Blockes das oben angegebene Gleichungssystem benutzt.

3.2.1.2 Oberflächenvorwärmer mit Pumpe

Bei Oberflächenvorwärmern mit Pumpe wird der anfallende Kondensatmassenstrom dem austretenden Speisewassermassenstrom zugemischt. Dazu muß dem in Bild 3 dargestellten Modell des Speisewasservorwärmers eine Pumpe zugeordnet werden, deren Leistungsbedarf aus Kondensatmenge und der zu überwindenden Druckdifferenz zwischen Kondensat- und Speisewasseraustritt resultiert. Der Speisewasserzustand vor der Mischung, d.h. am Austritt des wärmeübertragenden Teiles, der Entnahmemassenstrom, die Druckverluste und die spezifische Totalenthalpie des austretenden Kondensates wird für den Speisewasservorwärmer mit Pumpe ebenfalls mit dem unter 3.2.1.1 angegebenen Gleichungssystem berechnet. Der Massenstrom und Zustand des Speisewassers nach der Mischung (Austritt des Oberflächenvorwärmers mit Pumpe) ergibt sich aus einer Massen- und Leistungsbilanz für den Mischpunkt.

3.2.2 Mischvorwärmer

Entgaser und Speisewasserbehälter bilden bei den heutigen großen Blöcken eine Einheit, die im Hinblick auf die thermodynamische Aufgabe als Mischvorwärmer bezeichnet wird. Bild 6 zeigt den prinzipiellen Aufbau eines solchen Mischvorwärmers. Das zu entgasende Speisewasser tritt durch federbelastete Brausen in den oberen, dampfgefüllten Raum des Speisewasserbehälters ein und wird dort bis auf die Siedetemperatur erwärmt. Zur Aufheizung dient Anzapfdampf, der durch Tauchrohre unterhalb des Wasserspiegels eingeblasen wird. Dabei geben die Tauchrohre mit zunehmender Dampfmenge mehr Austrittsquerschnitt frei.

Das Rechenmodell (Bild 7) geht davon aus, daß im Kondensatspiegel der Sättigungszustand herrscht. Mit dem Ansatz für die bezogenen Totaldruckverluste nach Gleichung 3.7 kann der Totaldruckverlust zwischen Entnahmedampfeintritt und Kondensatspiegel mit guter Näherung beschrieben werden, wenn für

$$\frac{\zeta_o}{\zeta} \cdot \left(\frac{A}{A_o}\right)^2 = \sqrt{\frac{\rho_{Do}}{\rho_D}} \cdot \frac{\dot{m}_D}{\dot{m}_{Do}} \qquad (3.57)$$

gesetzt wird. Dieser empirische Ansatz ist plausibel, weil er die Änderung des Austrittsquerschnittes der Tauchrohre mit der Änderung der Dampfmenge verknüpft.

Damit folgt für den Sättigungsdruck

$$p_S = p_D + \rho_D \cdot \frac{c_D^2}{2} + \rho_D \cdot g \cdot z_D + \Delta p_{to} \cdot \sqrt{\frac{\rho_{Do}}{\rho_D}} \cdot \frac{\dot{m}_D}{\dot{m}_{Do}} \qquad (3.58)$$

mit dem gleichzeitig der gesamte Sättigungszustand des Fluides gegeben ist. Mit einer Energiebilanz, die den gesamten Mischvorwärmer umschließt, kann damit der Dampfmassenstrom $\dot{m}_D$ berechnet werden, der benötigt wird um das zufließende Speisewasser $\dot{m}_{SpE}$ und das zufließende Kondensat $\dot{m}_{KE}$ (siehe Bild 7) auf den geforderten Sättigungszustand aufzuheizen.

$$\dot{m}_D = \frac{\dot{m}_{SpE} \cdot (h_{tSpE} - h') + \dot{m}_{KE} \cdot (h_{tKE} - h')}{h_{tD} - h'} \qquad (3.59)$$

Der Austrittszustand folgt aus der Annahme, daß sich die spezifische Totalenthalpie vom Kondensatspiegel bis zum Mischvorwärmeraustritt nicht ändert und einem Ansatz für die Änderung des statischen Druckes analog zu Gleichung 3.11.

Bild 8 zeigt am Vergleich zwischen Rechnung und Projektierungsdaten nach /2/, daß die benutzten Ansätze sowohl den bezogenen Wärmeübertragerausnutzungsgrad ε^*_{VW} als auch den bezogenen Entnahmemassenstrom $\dot{m}^*_D$ als Funktion des eintretenden bezogenen Speisewassermassenstromes $\dot{m}^*_{Sp}$ über einen weiten Bereich genügend genau erfassen.

3.3 Kondensator

Im Prinzip gleichen sich die Berechnung des Teillastverhaltens eines Kondensators und die eines Oberflächenvorwärmers ohne Pumpe (Abschnitt 3.2.1.1). Natürlich entfällt der im Bild 3 angegebene Teil des Enthitzers, weil der zu kondensierende Dampf als Naßdampf anfällt. Im Formelapparat, der im Abschnitt 3.2.1.1 aufgestellt ist, muß außerdem der Speisewasserstrom $\dot{m}_{Sp}$ durch den Kühlwasserstrom $\dot{m}_{KW}$ und der Entnahmedampfmassenstrom $\dot{m}_D$ durch den zu kondensierenden Naßdampfmassenstrom $\dot{m}_K$ ersetzt werden.

Bild 9 zeigt als durchgezogene Kurven mit dem Vorwärmermodell berechnete Ergebnisse. Die Kurve a gilt, wenn ausschließlich der zu kondensierende Massenstrom $\dot{m}^*_K$ variiert wird und die Kurve b, wenn sich ausschließlich der Kühlwassermassenstrom $\dot{m}^*_{KW}$ ändert.

Zur Ermittlung der Kondensations- bzw. Sättigungstemperatur T_K, auf die es für unseren Anwendungsfall im wesentlichen ankommt, weil sie den Austrittsdruck aus der Turbine festlegt, wurde folgende Näherungsformel entwickelt:

$$T_K^* = T_{KWE}^* \cdot \frac{T_{KWEo}}{T_{Ko}} + \frac{1}{9} \cdot \left(1 - \frac{T_{KWEo}}{T_{Ko}}\right) \cdot \left(1 + 8 \cdot \frac{\dot{m}_K^*}{\dot{m}_{KW}^{*\;2/3}}\right) \quad (3.60)$$

In der Gleichung bedeuten

T_K^* = bezogene Sättigungstemperatur,

T_{KWE}^* = bezogene Kühlwassereintrittstemperatur,

T_{Ko} = Sättigungstemperatur im Auslegungsfall,

T_{KWEo} = Kühlwassereintrittstemperatur im Auslegungsfall,

$\dot{m}_K^*$ = bezogener, zu kondensierender Massenstrom und

$\dot{m}_{KW}^*$ = bezogener Kühlwassermassenstrom.

Bild 9 zeigt (als Kreise eingetragen) Rechenergebnisse, die mit dieser Näherungsformel ermittelt wurden, im Vergleich zu Ergebnissen der genaueren Rechnunge mit dem Vorwärmermodell.

Mit der Näherungsformel ermittelte Rechenergebnisse im Vergleich zu Meßergebnissen /9/ zeigt folgende Tabelle

$\dot{m}_K^*$	$\dot{m}_{KW}^*$	T_{KWE}^*	T_K^* Rechnung	T_{KM}^* Messung	$\frac{T_K^* - T_{KM}^*}{T_{KM}^*}$
1	1	1	1	1	0
0,643	1,219	0,905	0,7822	0,7629	0,0252
1,324	0,955	1,037	1,1577	1,1680	-0,0089
1,722	1,198	1,037	1,2178	1,2156	0,0019
1,744	0,832	1,027	1,3779	1,4037	-0,0184
1,292	0,844	1,035	1,1868	1,2134	-0,0219
1,728	1,269	0,997	1,1751	1,1762	-0,0010

Bild 10 zeigt den Verlauf der Kondensationstemperatur t_K als Funktion des Kondensatstromes $\dot{m}_K^*$ bei Teillast des nach Bild 1 projektierten Blockes. Hier sind zusätzlich Projektierungsdaten /2/ eingetragen.

3.4 Kessel

Die hier durchgeführten Teillastrechnungen für Kessel mit Zwischenüberhitzer befassen sich ausschließlich mit Zwangsdurchlaufdampferzeugern und halten sich eng an die in /3/ angegebenen Rechenmethoden.

Für die Teillastrechnung wird dabei folgendes vorausgesetzt bzw. angenommen:

- Alle interessierenden geometrischen und thermodynamischen Auslegungsdaten des Kessels mit Zwischenüberhitzer sind bekannt.
- Der Dampfmassenstrom $\dot{m}_{FD}$ und dessen Zustand (durch Druck p_{KA} und Temperatur T_{KA}) am Kesselaustritt ist gegeben.
- Die Speisewassereintrittstemperatur T_{KE} ist bekannt.
- Der Dampfmassenstrom $\dot{m}_{ZÜE}$ und dessen Zustand ($p_{ZÜE}$, $T_{ZÜE}$) am Eintritt des Zwischenüberhitzers ist gegeben.
- Die Zwischenüberhitzeraustrittstemperatur $T_{ZÜA}$ ist bekannt.
- Der Zustand von in den Kessel bzw. Zwischenüberhitzer einzuspritzenden Speisewassermengen ist gegeben.
- Die Daten des Brennstoffes (Heizwert H_u, Analyse des Brennstoffes, Druck p_B, Temperatur T_B) und der Verbrennungsluft (Druck p_L, Temperatur T_L und Wassergehalt y) sind bekannt.

Als Ergebnis der Teillastrechnung wird gesucht:

- Der Wirkungsgrad des Dampferzeugers (ohne Berücksichtigung der mechanischen Leistungen)

$$\eta'_K \equiv \frac{\dot{Q}_{zuDT}}{\dot{E}_{DT} + \dot{Q}_{fL}} \qquad (3.61)$$

mit

$\dot{Q}_{zuDT}$ = dem Dampf im Kessel und Zwischenüberhitzer zugeführte thermische Leistung,

$\dot{E}_{DT}$ = dem Kessel zuzuführender chemisch gebundener Energiestrom und

$\dot{Q}_{fL}$ = der in der zuzuführenden Luft mit Dampfanteil enthaltene Wärmestrom.

- Die Änderung des statischen Druckes im Kessel Δp_K und im Zwischenüberhitzer $\Delta p_{ZÜ}$.
- Die in den Kessel $\dot{m}_{SpK}$ und den Zwischenüberhitzer $\dot{m}_{SpZÜ}$ einzuspritzenden Speisewassermengen, die zur Verbesserung des dynamischen Regelverhaltens sowie zur Einhaltung von vorgegebenen Dampf- bzw. Werkstofftemperaturen benötigt werden.

Die thermodynamische Berechnung von Dampferzeugern fordert sowohl für die Auslegung als auch für die Teillast eine Verbrennungsrechnung. Diese liefert bei Vorgabe einer zu erreichenden Temperatur am Brennkammeraustritt eine Aussage über die einzusetzenden Brennstoff- und Luftmengen und gibt Aufschluß über die Mengen und Zusammensetzungen der Verbrennungsprodukte (Rauchgas und Asche).

In vorliegender Arbeit wird die sogenannte elementare Verbrennungsrechnung angewandt, die von einer Elementaranalyse bei festen und flüssigen bzw. einer Molekularanalyse bei gasförmigen Brennstoffen ausgeht. Das Rechenprogramm benutzt den in /3/ angegebenen **Formalismus**.

Aus der Zusammensetzung der Rauchgase lassen sich mit den in /3/ angegebenen Mischungsregeln die temperatur- und druckabhängigen Stoffwerte des Rauchgases aus den Stoffwerten der im Rauchgas enthaltenen Einzelgase ermitteln, die zur Berechnung des Wärmeüberganges benötigt werden. Die Abhängigkeit der Einzelgasstoffwerte von Temperatur und Druck muß dazu bekannt sein. Man findet diese z. B. in /4/.

Im Rechenmodell setzt sich der Kessel aus drei wesentlichen Teilen zusammen, und zwar aus

- dem Feuerraum, in dem angenommen wird, daß die Wärme ausschließlich in die Wände eingestrahlt wird (Strahlungsteil),

- den Nachschaltheizflächen in denen die Wärme hauptsächlich konvektiv übergeht (Berührungsteil), und die Gasstrahlung, je nach Temperatur des Rauchgases, einen mehr oder weniger starken Einfluß hat und

- dem Luftvorwärmer, in dem noch im Rauchgas vorhandene Wärme an die Verbrennungsluft übertragen wird.

Bild 11 zeigt einen Schnitt durch einen Kessel, auf dem die angesprochenen Teile erkennbar sind.

Die Entwicklung eines mathematischen Modelles zur Vorausberechnung der Vorgänge im gekühlten Feuerraum (Brennkammern), ist ohne Zweifel eines der schwierigsten Probleme im Dampferzeugerbau.

Das Ziel eines solchen mathematischen Modells ist die Ermittlung der Wärmeströme, die von den Wänden absorbiert werden und des Wärmestromes, der mit dem Rauchgas in die Nachschaltheizflächen eintritt. Dazu muß die Temperatur- und Wärmestromdichteverteilung im Feuerraum berechnet werden. Der Feuerraum wird zu diesem Zweck in verschiedene Abschnitte unterteilt, wie das Bild 12 zeigt.

Die rein theoretisch-mathematische Berechnung der Vorgänge in beliebigen technischen Brennkammern ist bis heute nicht möglich, da die mitwirkenden Prozesse der Aerodynamik, Reaktionskinetik, Gasdynamik und Wärmeübertragung eng miteinander gekoppelt sind und zum Teil in Bruchteilen von Sekunden simultan ablaufen. Zum Beispiel ist in dem gekoppelten System "Verbrennungsablauf-Wärmeaustausch" die Strahlung der Flamme sowohl eine Funktion ihrer Temperatur als auch des Schwärzungsgrades der in ihr enthaltenen Gase, des Kohlenstoffes und der Staubpartikel, andererseits ist die zeitliche und örtliche Temperatur- und Wärmestromdichteverteilung ebenfalls von der Wechselwirkung zwischen Verbrennung und Wärmeaustausch abhängig. Die mannigfaltigen gegenseitigen Beeinflussungen der verschiedenen am Verbrennungsprozeß und Wärmeaustausch beteiligten Parameter **können bis heute in** Rechenmodellen nur empirisch berücksichtigt werden.

In /3/ wird unter Zugrundelegung der Gesetze des Wärmeüberganges durch Strahlung ein Rechenverfahren angegeben, mit dem der Wärmeaustausch in den einzelnen Abschnitten des Feuerraumes (Bild 12) und die Rauchgasaustrittstemperatur am Austritt derselben ausreichend genau zu bestimmen ist. Dieses Verfahren wird auch in der hier durchgeführten Teillastrechnung für den Feuerraum angewandt.

Die Nachschaltheizflächen sind im benutzten Rechenmodell ebenfalls in verschiedene Abschnitte unterteilt. Bild 13 zeigt beispielhaft einen dieser Abschnitte.

Zur Berechnung der Wärmeströme wurden die Wärmeübergangsgesetze angewandt, wobei der Wärmedurchgangskoeffizient nach Gleichung 3.16 berechnet wird. Bei Rauchgastemperaturen unter 600 °C wird der äußere bezogene Wärmeübergangskoeffizient α_a^* mit Gleichung 3.21 ermittelt. Falls die Rauchgastemperaturen größer als 600 °C sind, muß die Gasstrahlung beim Wärmeübergang berücksichtigt werden, was durch den Ansatz für den äußeren Wärmeübergangskoeffizienten

$$\alpha_a = \alpha_K + \alpha_S \cdot \psi_S \qquad (3.62)$$

geschieht.

Bezogen auf den Auslegungszustand gilt auch

$$\frac{\alpha_a}{\alpha_{ao}} = \frac{\alpha_K/\alpha_{Ko} + W_{\alpha S} \cdot \alpha_S/\alpha_{So}}{1 + W_{\alpha S}} \qquad (6.63)$$

mit

$$W_{\alpha S} = \psi_{So} \cdot \alpha_{So}/\alpha_{Ko} \quad . \qquad (3.64)$$

Dabei ist

α_K = äußerer konvektiver Wärmeübergangskoeffizient,

α_S = äußerer Wärmeübergangskoeffizient infolge Gasstrahlung und

ψ_S = Einstrahlzahl.

Während der bezogene konvektive Wärmeübergangskoeffizient α_K^* analog zu Gleichung 3.21 berechnet wird, ergibt sich der bezogene Wärmeübergangskoeffizient infolge Gasstrahlung aus

$$\frac{\alpha_S}{\alpha_{So}} = \frac{\bar{T}_G - T_W}{\bar{T}_{Go} - T_{Wo}} \cdot \frac{\varepsilon \cdot \bar{T}_G^4 - \Lambda \cdot T_W^4}{\varepsilon_o \cdot \bar{T}_{Go}^4 - \Lambda_o \cdot T_{Wo}^4} \quad . \tag{3.65}$$

Hier bedeuten

$\bar{T}_G$ = mittlere Rauchgastemperatur im betrachteten Abschnitt,

T_W = äußere Rohrwandtemperatur,

ε = Emissionsverhältnis der Rauchgase und

Λ = Absorptionsverhältnis der Rauchgase.

Liegt im Inneren der Rohre eine Einphasenströmung (Wasser oder Heißdampf) vor, wird der bezogene innere Wärmeübergangskoeffizient nach Gleichung 3.21 berechnet.

Falls im Rohrinneren eine Zweiphasenströmung vorliegt (Naßdampf) wird der bezogene innere Wärmeübergangskoeffizient aus einer in /5/ angegebenen empirischen Beziehung berechnet

$$\frac{\alpha_i}{\alpha_{io}} = \left\{ \frac{\dot{m}_D}{\dot{m}_{Do}} \cdot \frac{A_{io}}{A_i} \cdot \frac{(h'' - h')}{(h'' - h')_o} \right\}^{0,72} \cdot \left\{ \frac{(p' + p'')}{(p' + p'')_o} \right\}^{0,24} \quad . \tag{3.66}$$

Hierin bedeutet

$\dot{m}_D$ = Naßdampfmassenstrom,

A_i = innere wärmeübertragende Fläche,

h = statische Enthalpie,

p = statischer Druck

und es kennzeichnet

o = im Auslegungsfall

' = auf der Siedelinie und

" = auf der Taulinie.

Die Rauchgastemperatur am Ende (Austritt) eines jeden Abschnittes folgt aus einer Energiebilanz die den betrachten Abschnitt umschließt.

Zur Berechnung der Wärmeströme, die der Luft vor Eintritt in die Brennkammer im Luftvorwärmer und durch Rauchgasrückführung zugeführt werden, wird wiederum der Formalismus benutzt, der in /3/ ausführlich beschrieben ist.

Zur Festlegung der benötigten geometrischen und thermodynamischen Auslegungsdaten eines Kessels wurde der Teillastrechnung eine Auslegungsrechnung vorangestellt. Der Aufbau und die Schaltung der Heizflächen sind in Anlehnung an den im Bild 11 dargestellten Kessel durchgeführt worden.

In Bild 14 ist der mit dem vorliegenden Rechenmodell ermittelte bezogene Kesselwirkungsgrad $\eta_K'^*$ als Funktion der Teillast dargestellt. Bild 15 zeigt die Änderung des statischen Druckes als Funktion der Rohrlänge in den einzelnen Bereichen des Kessels und auf Bild 16 ist der Temperaturverlauf im (T,s)-Diagramm dargestellt.

Der Speicherplatzbedarf und die langen Rechenzeiten veranlaßten uns dazu, die Kesselberechnung aus der iterativen Kreislaufrechnung herauszunehmen. Dies ist allerdings nur möglich, wenn die Änderung des statischen Druckes im Kessel und im Zwischenüberhitzer in Abhängigkeit von der Teillast auf andere Weise für die Kreislaufrechnung bereitgestellt wird. Eine annehmbare Näherung ist mit Gleichung 3.8 gegeben, wenn für die benötigte mittlere Dichte im Kessel die Dichte des austretenden Frischdampfes und im Zwischenüberhitzer eine linear zwischen Ein- und Austritt gemittelte Dichte eingesetzt wird.

Bild 17 zeigt die so näherungsweise ermittelten bezogenen statischen Druckänderungen im Kessel Δp_K^* bzw. im Zwischenüberhitzer $\Delta p_{ZÜ}^*$ als Funktion des bezogenen Massenstromes $\dot{m}_{FD}^*$ bzw. $\dot{m}_{ZÜ}^*$. Zusätzlich sind einige **Projektierungsdaten** /2/ mit eingetragen.

Wie Bild 2 zeigt, umgehen einige Dampfleitungen den Zwischenüberhitzer. D. h. der Dampfstrom am Zwischenüberhitzereintritt ist nicht nur durch den Anzapfdampfmassenstrom für den ersten Vorwärmer, sondern auch durch den in diesen Leitungen strömenden Dampfstrom gegenüber dem Frischdampfstrom verringert. In den Leitungen, die vom Hochdruckteil hier beispielhaft zum Eintritt des Niederdruckteiles führen, fließt der sogenannte Stopfbuchsenentlastungsdampf, der durch die Labyrinthdichtungen des Hochdruckteiles der Turbine entweicht und dem Hauptdampfstrom vor dem Niederdruckteil der Turbine (im vorliegenden Beispiel) wieder zugemischt wird. Die weitere Leitung , die vom Zwischenüberhitzereintritt zum Eintritt in den Mitteldruckteil der Turbine führt fördert Dampf, der zur Kühlung der Eintrittspartie des Mitteldruckteils der Turbine dient.

Zur Berechnung der in diesen Umgehungsleitungen strömenden Dampfmengen wird das in Abschnitt 3.1 angeschriebene Gleichungssystem benutzt. Dabei wird vorausgesetzt, daß die Druckdifferenzen bei Teillast für die jeweils betrachtete Leitung zwischen Ein- und Austritt und alle benötigten Vollastdaten gegeben

3.5 Axialturbine

Damit die Rechenzeit und der Speicherplatz für das Rechenprogramm, daß das Teillastverhalten des gesamten Blockes beschreibt, nicht unvertretbar groß werden, wird das Teillastverhalten der Turbine mit Hilfe von Stufengruppencharakteristiken, anstelle der sonst üblichen Berechnung mit einzelnen Stufen- bzw. Gittercharakteristiken, dargestellt.

Die Stufengruppen sind dabei so zu wählen, daß sich innerhalb der Gruppe der Massenstrom nicht ändert, keine Wärme zu- oder abgeführt wird und auch keine Sprünge der geometrischen Parameter auftreten.

Durch diese Forderungen sind die Grenzen der Stufengruppen durch Gehäuseeintritt, Gehäuseaustritt und Entnahmestellen festgelegt.

Die charakteristischen Kenngrößen der Stufengruppe sind folgendermaßen definiert:

Totalenthalpiekenngröße $$\psi_{ht} \equiv 2 \cdot \frac{\Delta h_t}{\sum_{i=1}^{N} u_{2i}} \qquad (3.67)$$

Enthalpiekenngröße $$\psi_h \equiv 2 \cdot \frac{\Delta h}{\sum_{i=1}^{N} u_{2i}} \qquad (3.68)$$

Durchflußkenngröße $$\varphi \equiv \sqrt{\frac{c_{mE}}{u_{21}} \cdot \frac{c_{mA}}{u_{2N}}} \qquad (3.69)$$

Polytroper Wirkungsgrad $$\eta \equiv \frac{1}{1 - j/\Delta h} \qquad (3.70)$$

Schluckzahl $$\mu \equiv \varphi \cdot \sqrt{\eta / |\psi_h|} \qquad (3.71)$$

Druckverhältnis $$\pi = p_E \; / \; p_A \qquad (3.72)$$

Hierin bedeuten:

Δh_t = spez. Totalenthalpiedifferenz der Gruppe,

Δh = spez. Enthalpiedifferenz der Gruppe,

j = spez. Dissipation der Gruppe,

c_{mE} = Meridionalgeschwindigkeit am Gruppeneintritt,

c_{mA} = Meridionalgeschwindigkeit am Gruppenaustritt,

u_{21} = Umfangsgeschwindigkeit am Austritt der 1. Stufe,

u_{2N} = Umfangsgeschwindgikeit am Austritt der Gruppe,

u_{2i} = Umfangsgeschwindigkeit am Austritt der i-ten Stufe,

p_E = statischer Gruppeneintrittsdruck,

p_A = statischer Gruppenaustrittsdruck und

N = Anzahl der Stufen innerhalb der betrachteten Gruppe.

Um die Gruppencharakteristik so genau wie möglich zu erhalten, wird sie aus den Charakteristiken der Einzelgitter berechnet. Dabei ist vorausgesetzt, daß die Profilverluste und Umlenkeigenschaften der Einzelgitter für einen großen Betriebsbereich aus Rechnungen oder aus Messungen an Gittern oder Beschaufelungen bekannt sind. Zur Bestimmung der zusätzlich in der Turbine auftretenden Verluste (Rand-, Spalt- und Sekundärverluste) wird ein am Institut für Dampf- und Gasturbinen entwickeltes Verfahren benutzt.

Als Beispiel für diese gitterweise Berechnung einer Stufengruppencharakteristik sind auf den Bildern 18 und 19 die jeweils auf den Auslegungspunkt bezogenen Ergebnisse für eine aus fünf Repetierstufen bestehenden Stufengruppe als durchgezogene Kurven dargestellt.

Bild 18 zeigt die Abhängigkeit der bezogenen Totalenthalpiekenngröße ψ_{ht}^*, des bezogenen polytropen Wirkungsgrades η^* und der bezogenen Schluckzahl μ^* von der bezogenen Durchflußkenngröße φ^*.

Zur Kontrolle der Rechnung sind zusätzlich Ergebnisse von Messungen für den bezogenen Wirkungsgrad η^*, die an einer Versuchsturbine des Institutes gewonnen wurden (als Kreise) eingetragen. Die Übereinstimmung von Rechnung und Messung ist sehr gut (Differenzen < 6 ‰). Weiter sind auf Bild 18 (gestrichelte Linie) Ergebnisse eingetragen, die mit einer aus der Eulergleichung folgenden Näherungsformel

$$\psi_{ht}^* = \frac{2}{\psi_{hto}} + \left(1 - \frac{2}{\psi_{hto}}\right) \cdot \varphi^* \qquad (3.73)$$

berechnet wurden.

Im Vergleich mit der gitterweisen Durchrechnung zeigen diese Ergebnisse, daß diese Näherung nur in einem sehr begrenzten Bereich um den Auslegungspunkt verwendet werden sollte, weil die Abweichungen gegenüber der Gitterrechnung sonst zu groß werden. Detaillierte Untersuchungen haben ergeben, daß die Differenzen im wesentlichen auf den unterdrückten Einfluß der sich ändernden Dichten in geringerem Maße auf die ebenfalls unterdrückten Einflüsse der Winkeländerungen (Abströmwinkel α_1 aus den Leiträdern und Abströmwinkel β_2 der Relativströmung aus den Laufrädern) zurückzuführen sind.

Deshalb ist eine weitere Näherungsrechnung durchgeführt worden, bei der die Änderung der Dichten berücksichtigt wird (diese Ergebnisse sind als Kreuze auf Bild 18 eingetragen); und zwar lautet die benutzte Formel:

$$\psi_{ht}^* = \frac{2}{\psi_{hto}} + \frac{2 \cdot \varphi_o}{\psi_{hto}} \cdot \mathrm{ctg}\, \beta_{20} \cdot \varphi^* + \left(1 - \frac{2}{\psi_{hto}} - \frac{2 \cdot \varphi_o}{\psi_{hto}} \cdot \mathrm{ctg}\, \beta_{20}\right) \cdot \sqrt[4]{\rho_A^* / \rho_E^*} \cdot \varphi^* \quad . \qquad (3.74)$$

Hierin bedeutet

ρ_E^* = bezogene Dichte des Dampfes am Gruppeneintritt und

ρ_A^* = bezogene Dichte des Dampfes am Gruppenaustritt.

Im Vergleich mit der Gitterechnung zeigen die Ergebnisse dieser Näherungsrechnung gute Übereinstimmung in einem für Teillastrechnungen ausreichend großen Bereich um den Auslegungspunkt.

Bild 19 zeigt die Abhängigkeit des bezogenen Druckverhältnisses π^* der Stufengruppe von der bezogenen Durchflußkenngröße φ^* wie sie sich aus der gitterweisen Durchrechnung ergibt (durchgezogene Kurve). Zum Vergleich sind Ergebnisse einer Näherungsrechnung (als Kreuze) eingetragen, die auf der Annahme basiert, daß die Schluckzahl konstant ist. Die sich mit dieser Annahme ergebende Näherungsformel lautet:

$$\pi^* = \frac{1}{\pi_o \cdot (1-\dot{m}^{*2} \cdot e^* \cdot (1-(1/\pi_o)^{e_o}) \;/\; (p_E^* \cdot \rho_E^*))^{1/e}} \qquad (3.75)$$

mit

$$e = 1 + 1/\bar{n} \quad . \qquad (3.76)$$

Hierin bedeuten:

$\dot{m}^*$ = bezogener Massenstrom,

p_E^* = bezogener Gruppeneintrittsdruck,

ρ_E^* = bezogene Dichte am Gruppeneintritt,

$\bar{n}$ = mittlerer Polytropenexponent und

π^* = bezogenes Stufengruppendruckverhältnis.

Wie Bild 19 zeigt, stimmt die Gitterrechnung mit der angeschriebenen Näherungsrechnung in dem Bereich, der für die Teillastrechnung interessiert, gut überein.

Wenn die geometrischen Daten und die Auslegungsdaten der Stufengruppen gegeben sind, ist es möglich die Charakteristiken der Stufengruppen genügend genau,aber wesentlich einfacher als durch gitterweise Durchrechnung zu ermitteln, indem die Näherungsformeln zur Berechnung herangezogen werden.

Es können nämlich iterativ bei Vorgabe von $\dot{m}/\dot{m}_o$ das Druckverhältnis π, die Durchflußkenngröße φ, die Totalenthalpiekenngröße ψ_{ht} und damit bei ebenfalls gegebener Drehzahl die Enthalpiedifferenz Δh berechnet werden. Mit bekanntem Druckverhältnis und bekannter Enthalpiedifferenz lassen sich auch der Wirkungsgrad η und die Schluckzahl μ berechnen. Damit ist dann das Verhalten der Stufengruppen einer Turbine und damit natürlich auch das Verhalten der Turbine selbst bei Teillast zu ermitteln.

Falls innerhalb einer Stufengruppe eine Entwässerung stattfindet, wird für den bezogenen Entwässerungsmassenstrom angesetzt

$$\dot{m}_W/\dot{m}_{Wo} = (1-x) \cdot \dot{m}_D \; / \; ((1-x_o) \cdot \dot{m}_{Do}) \quad . \qquad (3.77)$$

Dabei ist

$\dot{m}_W$ = Entwässerungsmassenstrom ,

$\dot{m}_D$ = Naßdampfmassenstrom und

x = Dampfgehalt am Stufengruppenaustritt.

3.6 Pumpe

Zur Ermittlung des Teillastverhaltens von Pumpen ist ein Rechenmodell erarbeitet worden, bei dem die betrachtete Pumpe unterteilt ist in

- das Einströmgehäuse, vom Eintrittsflansch bis zum Eintritt in die erste Stufe,
- die aktuelle Anzahl von Stufen und
- das Abströmgehäuse.

Bei der Berechnung der Strömung innerhalb der Stufen sind die Stufen selbst noch feiner unterteilt in

- die Laufradbeschaufelung ,
- die Radseitenräume ,
- den unbeschaufelten Diffusor nach dem Laufrad ,
- die Leitradbeschaufelung ,
- den Umführungskanal und
- die Rückführbeschaufelung mit anschließendem Zuströmkanal zur nächsten Stufe.

Zur exakten Berechnung des Betriebsverhaltens muß die Geometrie dieser Teile genau bekannt sein. Bild 20, daß schematisch einen Radseitenraum und den Strömungskanal einer Stufe im Meridionalschnitt zeigt, vermittelt einen Eindruck von der Fülle der benötigten geometrischen Daten.

Für eine vierstufige Kesselspeisepumpe, die den gewünschten Vollastpunkt erfüllt, wurden die benötigten geometrischen und thermodynamischen Größen der Pumpe mit einer Auslegungsrechnung ermittelt.

Für diese Pumpe sind die Charakteristiken auf dem Bild 21 dargestellt (durchgezogene Kurven), und zwar ist als Funktion der Durchflußkenngröße φ die Totalenthalpiekenngröße ψ_{ht}, die Druckkenngröße ψ_y und der polytrope Wirkungsgrad η aufgetragen. Weiter zeigt Bild 21 (als gestrichelte Linien) Näherungen für die Pumpencharakteristiken, die aus folgenden Gleichungen berechnet wurden:

- bezogene Totalenthalpiekenngröße

$$\psi_{ht}^* = \varphi^* + 2\cdot(1 - \varphi^*)/\psi_{hto} \qquad (3.78)$$

- bezogener polytroper Wirkungsgrad

$$\eta^* = \frac{2 - (\varphi_o/\varphi_{Opt}) \cdot \varphi^*}{2 - \varphi_o/\varphi_{Opt}} \cdot \varphi^* \qquad (3.79)$$

- bezogene Druckkenngröße

$$\psi_y^* = \psi_{ht}^* \cdot n^* \quad . \tag{3.80}$$

Der Index "o" kennzeichnet dabei den Vollastpunkt, während φ_{Opt} die Durchflußkenngröße bei maximalem polytropen Wirkungsgrad ist, die bei Pumpen im allgemeinen nicht mit der Durchflußkenngröße des Vollastpunktes φ_o identisch ist.

Wie aus Bild 21 zu entnehmen, sind die Näherungen in einem größeren Bereich, der für die Teillastrechnungen ausreicht, brauchbar.

3.7 Mechanische Verluste bei Teillast

Unter mechanischen Verlusten sind hier mechanische Leistungen P_m zu verstehen, die in den Lagern der Turbinen, der Pumpen und des Generators in Wärme umgesetzt werden und dann in den Ölkühlern abzuführen sind. Nach /4/ kann für diese Leistungen angesetzt werden

$$P_m \;/\; P_{mo} = n \;/\; n_o \tag{3.81}$$

wobei n die Drehzahl bei Teillast und n_o diejenige bei Vollast ist.

3.8 Elektrische Verluste bei Teillast

Elektrische Verluste entstehen im Generator, in den Transformatoren und in den Elektromotoren. Sie lassen sich mit guter Näherung in zwei Anteile aufspalten, einmal in einen von der Teillast unabhängigen Anteil, der durch die dauernde Ummagnetisierung verursacht wird P_{mag} und zum zweiten in einen Anteil, der quadratisch mit dem fließenden elektrischen Strom geht P_I. Damit können elektrische Verluste P_{elV} z.B. des Generators näherungsweise berechnet werden aus

$$P_{elV} = P_{mago} + P_{Io} \cdot (P_{DT}/P_{DTo})^2 \qquad (3.82)$$

Hierin bedeuten

P_{elV} = elektrische Verlustleistung und

P_{DT} = Klemmenleistung des Generators.

4. Beispielrechnung für das Teillastverhalten eines Dampfkraftwerksblockes

Nachdem im vorherigen Abschnitt beschrieben wurde, wie alle benötigten Charakteristiken für die Komponenten eines DT-Blockes bereitzustellen sind, wird hier die Leistungsfähigkeit des Rechenmodells betrachtet, daß das Teillastverhalten des gesamten Dampfkraftwerksblockes beschreibt.

Zum Vergleich ist ein Kraftwerksblock /2/, dessen Prinzipschaltbild Bild 1 zeigt, herangezogen worden. Die Vergleichswerte sind, soweit vorhanden, auf den relevaten Bildern als Kreise eingetragen.

Da die Kesseldaten, soweit sie nicht den Dampfkreislauf an den Schnittstellen zur Turbine bzw. zur Vorwärmkette betreffen, unbekannt sind, beschränken wir unseren Vergleich auf den Dampfkreislauf ausgehend von der im Kessel und Zwischenüberhitzer an den Dampf übertragenen thermischen Leistung $\dot{Q}_{zuDT}$ bis zur an den Klemmen des Generators abgegebenen elektrischen Leistung P_{DT}. Damit ist der Klemmenwirkungsgrad des DT-Blockes

$$\eta_{DT} \equiv - \frac{P_{DT}}{\dot{Q}_{zuDT}} \tag{4.1}$$

die charakteristische Größe für das Teillastverhalten des DT-Blockes.

Das negative Vorzeichen ergibt sich aus der hier benutzten Konvention, nach dem einem System zugeführte Leistungen positiv und entzogene Leistungen negativ anzusetzen sind.

Der prinzipielle Rechenablauf stellt sich folgendermaßen dar.

Für alle Teillastpunkte sind gegeben:

- die Kessel- und Zwischenüberhitzeraustrittstemperatur,
- der Kesselaustrittsdruck und
- die für die Komponenten benötigten Daten (siehe Abschnitt 3).

Vorgegeben wird der aus dem Niederdruckteil der Turbine zum Kondensator strömende, zu kondensierende Abdampfstrom.

In Abhängigkeit von diesem Massenstrom werden die Anzapfdampfmassenströme in erster Näherung vorgeschätzt.

Nun werden folgende Rechenschritte, zum Teil iterativ durchgeführt:

1. Berechnung der Kondensationstemperatur und des Kondensationsdruckes.

2. Schätzen der Totalenthalpie am Kondensatoreintritt (ND-Austritt) und durchrechnen bis zum Zwischenüberhitzeraustritt.

   Geschätzte Totalenthalpie am ND-Austritt solange iterativ verbessern, bis die Rechnung mit genügender Genauigkeit auf die gegebene Zwischenüberhitzeraustrittstemperatur führt.

3. Druck am Eintritt des Zwischenüberhitzers berechnen.

4. Totalenthalpie am Zwischenüberhitzereintritt schätzen. Durchrechnen zum Eintritt des Hochdruckteiles der Turbine. Geschätzte Totalenthalpie solange iterativ verbessern, bis die gegebene Kesselaustrittstotalenthalpie mit genügender Genauigkeit erreicht ist.

5. Mit den jetzt vorliegenden Zuständen an den Entnahmestellen der Turbine wird die Vorwärmerkette durchgerechnet, woraus verbesserte Entnahmedampfmassenströme folgen.

   Durch Vergleich mit den eingangs geschätzten Anzapfmengen kann entschieden werden, ob die Rechnung abgebrochen (Genauigkeit erreicht) oder ausgehend von 1. neu durchzuziehen ist.

6. Berechnen der Stufengruppenleistungen, aus den Totalenthalpiedifferenzen und den aktuellen Massenströmen, und aufsummieren führt auf die innere Turbinenleistung, woraus leicht die Klemmenleistung P_{DT} zu ermitteln ist.

7. Aus den jetzt bekannten Zuständen und Massenströmen am Kessel- und Zwischenüberhitzerein- bzw. -austritt wird die dem Dampfprozeß zugeführte thermische Leistung $\dot{Q}_{zuDT}$ ermittelt, woraus dann mit Gleichung 4.1 der Klemmenwirkungsgrad η_{DT} des DT-Blockes folgt.

Nach Abschluß dieser Rechnungen können an allen Koppelstellen zwischen den Komponenten die Massenströme und Zustände des Dampfes bzw. Wassers, sowie die charakteristischen Größen der Komponenten selbst als Funktion der Klemmenleistung P_{DT} angegeben werden. Folgende Bilder zeigen einige der Rechenergebnisse.

Bild 22 zeigt in Abhängigkeit von der bezogenen Klemmenleistung P^*_{DT} den bezogenen Kondensationsdruck p^*_{Kond} und den bezogenen Zwischenüberhitzereintrittsdruck $p^*_{ZÜE}$. Außerdem ist der Verlauf des bezogenen Kesselaustrittsdruckes p^*_{KA} eingetragen, der allerdings kein Rechenergebnis, sondern ein für die Rechnung vorzugebender Wert ist. Wie aus Bild 22 zu erkennen, wird danach der Block bei Überlast ($P^*_{DT} > 1$) im Gleitdruckbetrieb, im Bereich $1 > P^*_{DT} > 0{,}89$ und für $P^*_{DT} < 0{,}35$ im Drosselbetrieb und ansonsten im Gleitdruckbetrieb mit Drosselreserve gefahren.

Bild 23 zeigt den bezogenen Turbineneintrittsdruck p^*_{TE} und Bild 24 den bezogenen Frischdampfmassenstrom $\dot{m}^*_{FD}$ (Kesselaustritt) als Funktion der bezogenen Klemmenleistung P^*_{DT}. Auf Bild 25 sind die Aufwärmspannen der einzelnen Vorwärmer in Abhängigkeit von der Teillast zu erkennen. Die zugehörigen Entnahmedampfmassenströme $\dot{m}_A$ als Funktion der bezogenen Klemmenleistung zeigt Bild 26. Hier ist außerdem der bezogene Entnahmedampfstrom (gestrichelt) eingetragen, den die Kesselspeisepumpenturbine benötigt. Die bezogene Kesselspeisepumpenturbinenleistung P^*_{KSPT} in Abhängigkeit von der bezogenen Klemmenleistung P^*_{DT} ist aus Bild 27 zu ersehen.

Bild 28 zeigt die Wärmeübertragerausnutzungsgrade ε_{VW} der Vorwärmer als Funktion der Teillast. Sie fallen mit der Last, wenn der Entnahmedampf überhitzt ist. Falls es sich beim Anzapfdampf um Naßdampf handelt steigen die Ausnutzungsgrade bei fallender Last leicht an.

Bild 29 und Bild 30 zeigt das Verhalten von Stufengruppen. Und zwar ist als Funktion der bezogenen Klemmenleistung P^*_{DT} ebenfalls auf den jeweiligen Auslegungswert bezogen aufgetragen der polytrope Wirkungsgrad η^*, die Durchflußkenngröße φ^*, die Totalenthalpiekenngröße ψ^*_{ht}, die Schluckzahl μ^* und das Druckverhältnis π^*.

Bild 29 zeigt das Verhalten des Hochdruckteiles der Turbine (1. Stufengruppe). Hier sind deutlich die Einflüsse der Bereiche verschiedener Regelungsart zu erkennen, die bei der Beschreibung des Kesselaustrittsdruckes angesprochen wurden. Weiter kann man Bild 29 entnehmen, daß sich die erste Stufengruppe bei dieser Art der Regelung nur relativ wenig von ihren Auslegungswerten entfernt.

Anders ist das Verhalten der letzten Stufe des Niederdruckteiles der Turbine (Bild 30). Der Einfluß der Regelung ist nicht mehr zu erkennen, dafür nehmen alle bezogenen Kenngrößen mit der Last relativ stark ab. Die bezogene Totalenthalpiekenngröße wird bei sehr kleinen Lasten sogar negativ, was bedeutet, daß die Stufe Leistung aufnimmt (die Stufe ventiliert) anstatt sie abzugeben.

Bild 31 zeigt die abgegebenen inneren Leistungen P des Hochdruck-, Mitteldruck- und Niederdruckteiles der Turbine bei Teillast.

Auf dem Bild 32 ist der bezogene Klemmenwirkungsgrad η^*_{DT} als Funktion der bezogenen Klemmenleistung P^*_{DT} im Vergleich mit Projektierungsdaten /2/ gezeigt. Die Übereinstimmung ist gut. Die Knicke in der Kurve sind auf die Änderung der Regelungsart (für $1 > P_{DT}^* > 0{,}89 \to$ Drosselregelung) zurückzuführen.

Bild 33 zeigt die berechneten Expansionslinien des Dampfes im (h,s)-Diagramm für verschiedene Teillastzustände des Dampfkraftwerksblockes.

Auf dem Bild 34 ist ein Vergleich zwischen verschiedenen Regelungsarten dargestellt, mit denen der Referenzblock betrieben werden könnte, ohne die Schaltung und Geometrie des Kreislaufes zu ändern. Dargestellt ist jeweils der Klemmenwirkungsgrad η_{DT} als Funktion der bezogenen Klemmenleistung P^*_{DT} des DT-Blockes.

Die gestrichelte Kurve zeigt das Teillastverhalten des Blockes bei der schon in den vorangegangenen Bildern beschriebenen Regelungsart (Gleitdruckbetrieb mit Drosselreserve).

Die durchgezogene Kurve ergibt sich, wenn der Block für $P^*_{DT} > 0{,}35$ im reinen Gleitdruckbetrieb und unterhalb dieser Last wieder im Drosselbetrieb gefahren wird.

Die strichpunktierte Linie zeigt den Fall des Festdruckbetriebes mit Drosselregelung, der deutlich unter den vorgenannten Regelungsarten liegt. Die Rechnung für diesen Fall mußte unterhalb von $P^*_{DT} = 0{,}38$ abgebrochen werden, weil dann der Anzapfdruck für die Kesselspeisepumpenturbine nicht mehr ausreichend groß ist.

5. Das Teillastverhalten von Kombiblöcken

Mit der Bezeichnung "Kombiblock " wird, wie in der Energietechnik üblich, ein Kraftwerksblock gekennzeichnet, bei dem einer Gasturbine ein Dampfkraftwerksblock nachgeschaltet ist. Die Abwärme der Gasturbine wird dabei im Kessel des Dampfturbinenblockes ausgenutzt.

Bei dieser Art von kombinierten Kraftwerken ist es je nach Auslegung möglich, den Dampferzeuger ohne Zusatzfeuerung (Abhitzekessel) oder mit Zusatzfeuerung (nachgefeuerter Kessel) zu betreiben. Hier wird im wesentlichen der nachgefeuerte Kessel betrachtet.

Zur Berechnung des Teillastverhaltens von Kombiblöcken gehen wir hier davon aus, daß der Klemmenwirkungsgrad des Dampfteils η_{DT} (Gleichung 4.1) als Funktion der Klemmenleistung P_{DT} mit dem oben beschriebenen Rechenprogramm ermittelt worden ist. Der Klemmenwirkungsgrad des Gasturbinenblockes

$$\eta_{GT} \equiv - \frac{P_{GT}}{\dot{E}_{GT}} \qquad (5.1)$$

mit $\dot{E}_{GT}$ = der Gasturbine zuzuführender Primärenergiestrom, als Funktion der Klemmenleistung P_{GT} wird ebenfalls mit einem am Institut für Dampf- und Gasturbinen der RWTH Aachen erarbeiteten Rechenprogramm /6/ ermittelt. Bild 35 zeigt beispielhaft die Abhängigkeit der bezogenen Klemmenwirkungsgrade von der bezogenen Klemmenleistung für einen Gasturbinen- bzw. einen Dampfturbinenblock sowie deren Auslegungsdaten.

Zur Beurteilung des Teillastverhaltens eines Kombiblockes werden hier folgende Kriterien betrachtet:

- Das Verhältnis η der abgegebenen Nettoleistung (an der Unterspannungsklemme des Transformators gemessen) zum insgesamt einzusetzender Primärenergiestrom und

- das Verhältnis des dem Kessel des DT-Blockes zuzuführenden Primärenergiestromes zu dem der GT-Anlage zuzuführenden Primärenergiestrom $\dot{E}_{DT}/\dot{E}_{GT}$, deren Qualität und damit deren Kosten unterschiedlich sein können.

Aus diesen genannten Kriterien läßt sich der Wärmepreis ermitteln. Außerdem werden die abzuführenden Wärmeströme betrachtet, die ein Maß für die Umweltbelastung sind und ebenfalls in die Stromerzeugungskosten eingehen. Im einzelnen sind dies:

- das Verhältnis der im Kondensator abzuführenden Wärmemenge bezogen auf die abgegebene Nettoleistung $\dot{Q}_{Kon}/P$ und
- das Verhältnis der im Kamin abzuführenden Wärmemenge ebenfalls auf die abgegebene Nettoleistung bezogen $\dot{Q}_{Kam}/P$.

5.1 Ableitung der charakteristischen Gleichungen

Der Wirkungsgrad des Kombiblockes (der Kehrwert ist der spezifische Wärmeverbrauch) ist folgendermaßen definiert:

$$\eta \equiv - \eta_E \cdot \frac{P_{GT} + P_{DT}}{\dot{E}_{GT} + \dot{E}_{DT}} \quad . \tag{5.2}$$

Es bedeuten dabei:

$$\eta_E \equiv \frac{P}{P_{DT} + P_{GT}} \quad = \text{Eigenbedarfswirkungsgrad} \tag{5.3}$$

P = an der Unterspannungsklemme des Transformators abgegebene elektrische Leistung,

P_{GT} = Klemmenleistung des GT-Blockes,

P_{DT} = Klemmenleistung des DT-Blockes,

$\dot{E}_{GT}$ = am GT-Block eingesetzter Primärenergiestrom und

$\dot{E}_{DT}$ = am DT-Block (Kessel) zusätzlich zuzuführender, chemisch gebundener Energiestrom.

Zur weiteren Betrachtung definieren wir noch den

- Brennkammerwirkungsgrad der Gasturbine

$$\eta_c \equiv \frac{\dot{Q}_{zuGT}}{\dot{E}_{GT}} \tag{5.4}$$

- Wirkungsgrad des Kessels (ohne mech. Leistungen)

$$\eta'_K \equiv \frac{\dot{Q}_{zuDT}}{\dot{E}_{DT} + \dot{Q}_{ED}} \tag{5.5}$$

Hierin bedeuten

$\dot{Q}_{zuGT}$ = dem Gas in der Brennkammer der Gasturbine zugeführte thermische Leistung und

$\dot{Q}_{ED}$ = dem Dampferzeuger zugeführte thermische Leistung.

Die dem Dampferzeuger zugeführte thermische Leistung läßt sich berechnen zu

$$\dot{Q}_{ED} = \dot{Q}_{fLK} - \dot{Q}_{AGT} \tag{5.6}$$

wobei $\dot{Q}_{fLK}$ der in der eventuell zuzuführenden, feuchten Zusatzluft und $\dot{Q}_{AGT}$ der im Abgas der Gasturbine enthaltene Wärmestrom ist. $\dot{Q}_{AGT}$ ist kleiner 0, weil diese thermische Leistung aus dem GT-Prozeß abgeführt wird.

Natürlich wird nur Zusatzluft benötigt, wenn der im GT-Abgas enthaltene Sauerstoff nicht ausreicht, um eine vollständige Verbrennung des dem Kessel zugeführten Brennstoffes zu gewährleisten.

Berücksichtigt man, daß die Klemmenleistung des GT-Blockes sich aus folgender Summation ergibt

$$P_{GT} = P_{NGT} + P_{mechGT} + P_{elGT} \tag{5.7}$$

mit

P_{NGT} = innere Gasturbinenleistung,

P_{mechGT} = mech. Verluste und

P_{elGT} = elektrische Verluste der GT-Anlage,

so folgt mit einer Energiebilanz an der Gasturbine

$$\dot{Q}_{zuGT} + P_{NGT} + \dot{Q}_{AGT} + \dot{Q}_{StrGT} + \dot{Q}_{fLGT} = 0 \tag{5.8}$$

($\dot{Q}_{StrGT}$ = Strahlungsverluste der Gasturbine)

nach einiger Umformung für die von der Gasturbine abgeführte thermische Leistung

$$\dot{Q}_{AGT} = - P_{GT} \cdot (1 - \frac{P_{mechGT} + P_{elGT} - \dot{Q}_{StrGT}}{P_{GT}} + \frac{\dot{Q}_{fLGT}}{P_{GT}} - \frac{\eta_c}{\eta_{GT}}) \tag{5.9}$$

oder

$$\dot{Q}_{AGT} = - P_{GT} \cdot (2 - \eta_{VGT} + \frac{\dot{Q}_{fLGT}}{P_{GT}} - \frac{\eta_c}{\eta_{GT}}) \quad . \tag{5.10}$$

Hierbei erfaßt der Wirkungsgrad η_{VGT} alle mechanischen Verluste und alle Strahlungsverluste des Gasturbinenblocks.

$$\eta_{VGT} = 1 + \frac{P_{mechGT} + P_{elGT} - \dot{Q}_{StrGT}}{P_{GT}} \tag{5.11}$$

Führt man all dies in die Definitionsgleichung für den Wirkungsgrad des Kombiblockes ein, so ergibt sich dieser zu

$$\eta = \eta_E \cdot \eta_{DT} \cdot \eta_K' \cdot \left\{ 1 + \frac{1 - \eta_{DT} \cdot \eta_K' \cdot (2 + \frac{1-\eta_c}{\eta_{GT}} - \eta_{VGT} + \frac{\dot{Q}_{fL}}{P_{GT}})}{\frac{P_{DT}}{P_{GT}} + \eta_{DT} \cdot \eta_K' \cdot (2 + \frac{1-\eta_c}{\eta_{GT}} - \eta_{VGT} + \frac{\dot{Q}_{fL}}{P_{GT}})} \right\} \tag{5.12}$$

mit

$$\dot{Q}_{fL} = \dot{Q}_{fLK} + \dot{Q}_{fLGT} \quad . \qquad (5.13)$$

Das Verhältnis des dem Kessel zuzuführenden Primärenergiestromes zu dem der Gasturbine zuzuführenden Primärenergiestrom kann folgendermaßen dargestellt werden:

$$\frac{\dot{E}_{DT}}{\dot{E}_{GT}} = \frac{\eta_{GT}}{\eta_{DT}\cdot\eta_K'} \cdot \left\{ \frac{P_{DT}}{P_{GT}} - \eta_{DT} \cdot \eta_K' \cdot \left(\frac{\eta_c}{\eta_{GT}} - 2 + \eta_{VGT} - \frac{\dot{Q}_{fL}}{P_{GT}}\right) \right\} \quad . \qquad (5.14)$$

Für die im Kondensator abzuführende Wärmemenge bezogen auf die vom Kombiblock abgegebene Nettoleistung ergibt sich:

$$\frac{\dot{Q}_{Kond}}{P} = \frac{1/\eta_{DT} + \eta_{VDT} - 2}{\eta_E\cdot\left(1 + \frac{P_{GT}}{P_{DT}}\right)} \quad . \qquad (5.15)$$

Hier erfaßt der Wirkungsgrad η_{VDT} die mechanischen Verluste und die Strahlungsverluste des Dampfturbinenblockes.

Der im Kamin abzuführende, bezogene Wärmestrom läßt sich angeben zu:

$$\frac{\dot{Q}_{Kam}}{P} = \frac{1/\eta_K' + \eta_{VK} - 2}{\eta_E\cdot\eta_{DT}\cdot\left(1 + \frac{P_{GT}}{P_{DT}}\right)} \quad . \qquad (5.16)$$

Hierbei erfaßt der Wirkungsgrad η_{VK} alle sonstigen am Kessel auftretenden Verluste (Strahlung,Schlackenabfluß).

5.2 Diskussion der Gleichungen für Wirkungsgrad, Brennstoff- und abzuführende Wärmeströme

Das Leistungsverhältnis P_{DT}/P_{GT} erscheint in allen Beziehungen, die das Teillastverhalten eines Kombiblockes **charakterisieren.** Der Wirkungsgrad des Kombiblockes wächst mit sinkendem Leistungsverhältnis, während das Verhältnis der Primärenergieströme und die bezogenen, abzuführenden Wärmeströme abnehmen.

Die Gleichungen 5.12 und 5.14 sind allerdings nur solange sinnvoll, solange der dem Kessel zugeführte Energiestrom $\dot{E}_{DT}$ größer oder gleich Null ist (Grenzfall ist der ungefeuerte Abhitzekessel). Dies bedeutet, daß das Leistungsverhältnis nicht beliebig klein gewählt werden kann, sondern es muß im gesamten Leistungsbereich gelten:

$$\frac{P_{DT}}{P_{GT}} \geq \eta_{DT} \cdot \eta_K' \cdot \left(\frac{\eta_c}{\eta_{GT}} - 2 + \eta_{VGT} + \frac{\dot{Q}_{fL}}{P_{GT}}\right) . \qquad (5.17)$$

Aus dem Einfluß des Leistungsverhältnisses auf den Wirkungsgrad und die abzuführenden Wärmeströme kann abgelesen werden, wie geforderte Teillastzustände zu verwirklichen sind. Und zwar wird man die Leistung des DT - Blockes solange zurücknehmen und damit das Leistungsverhältnis verkleinern bis die Kesselmindestlast erreicht ist. Erst dann wird die Leistung der Gasturbine ebenfalls zurückgenommen, wodurch das Leistungsverhältnis wieder wächst und damit der Gesamtwirkungsgrad des Kombiblockes fällt und die abzuführenden Wärmemengen zunehmen.

Die Beziehung für den Wirkungsgrad des Kombiblockes (Gleichung 5.12) zeigt, daß der Klemmenwirkungsgrad des DT-Blockes η_{DT}, der Kesselwirkungsgrad η_K' und der Eigenbedarfswirkungsgrad η_E für das gesamte Lastspektrum möglichst groß sein sollten. Die anderen in Gleichung 5.12 auftretenden Parameter spielen nur eine untergeordnete Rolle.

Für eine möglichst gute thermodynamische Auslegung des DT-Blockes, einen möglichst hohen Kesselwirkungsgrad und einen möglichst geringen Eigenbedarf sprechen ebenfalls die Gleichungen 5.15 und 5.16 , weil dann die im Kondensator und im Kamin abzuführenden Wärmeströme klein werden.

Gleichung 5.14 sagt aus, daß mehr Primärenergie im Kessel zuzuführen ist, wenn der Klemmenwirkungsgrad des DT-Blockes und der Kesselwirkungsgrad klein sind. Dies widerspricht allerdings der generellen Forderung nach einem hohen Gesamtwirkungsgrad des Kombiblockes und nach möglichst geringen abzuführenden Wärmeströmen. Eine Verbesserung des Klemmenwirkungsgrades der GT-Anlage führt nach Gleichung 5.14 zu einem wünschenswerten, höheren

Primärenergieeinsatz im Kessel. Dies ist auch leicht einzusehen, da die Abgase bei höherem Wirkungsgrad der Gasturbine diese mit niedrigerer Temperatur verlassen. Für die Auslegung der Gasturbine heißt dies , daß sie für maximalen thermischen Wirkungsgrad zu optimieren ist. Gegen diese Optimierung gegenüber einer Auslegung für max. spez. Arbeit spricht die größere durchzusetzende Gasmasse und die größere Stufenzahl der Turbomaschinen notwendig, weil ein höheres Druckverhältnis verwirklicht werden muß. Beides erfordert damit eine Vergrößerung der Gasturbine und des Kessels, was höhere Investitionskosten verursacht.

Der Vollständigkeit halber sei hier noch kurz der Grenzfall mit Primärenergiestrom zum Kessel $\dot{E}_{DT} = 0$ gezeigt. Er stellt einen Kombiblock mit Abhitzekessel dar. Da in diesem Fall natürlich keine Zusatzluft zugeführt wird, gilt für den Wirkungsgrad dieses Kombiblockes

$$\eta = \eta_E \cdot \left\{ \eta_{GT} + \eta_{DT} \cdot \eta'_K \cdot (\eta_C - \eta_{GT} \cdot (2 - \eta_{VGT} + \frac{Q_{fL}}{P_{GT}})) \right\} . \qquad (5.18)$$

5.3 Beispielrechnungen

Alle Beispielrechnungen für das Teillastverhalten der folgenden Kombiblöcke haben gemeinsam:

- Die Gasturbine wird mit Erdgas gefeuert.
- Der Dampfturbinenblock wird im Gleitdruckbetrieb gefahren.
- Die Speisewasservorwärmung wird mit abnehmender Last zunehmend vom Rauchgas übernommen.
- Die Teillastzustände werden erreicht, indem zuerst der DT-Block und anschließend der GT-Block in den Teillastbetrieb geht.

Zum Vergleich ist das Teillastverhalten eines Dampfkraftwerksblocks mitbetrachtet worden, der ebenfalls im Gleitdruckbetrieb arbeitet und mit Ergas gefeuert ist.

Die wichtigsten, den Rechnungen zugrunde liegenden, Vollastdaten dieser verschiedenen Blöcke sind in folgender Tabelle zusammengestellt:

Blockausfuhrung		Kombı			DT
Nettoleıstung	P (MW)	398	788	768	576
Wırkungsgrad	η (——)	0,4158	0,4661	0,4312	0,3969
Leıstungsverhaltnıs	P_{DT}/P_{GT} (——)	7,1394	3	3	—
Eıgenbedarfswırkungsgrad	η_E (——)	0,978	0,985	0,960	0,960
GT-Klemmenleıstung	P_{GT} (MW)	50	200	200	—
GT-Klemmenwırkungsgrad	η_{GT} (——)	0,264	0,275	0,275	—
sonst. Verlust GT	η_{VGT} (——)	0,960	0,960	0,960	—
Brennkammerwırkungsgrad	η_C (——)	0,998	0,998	0,998	—
DT-Klemmenleıstung	P_{DT} (MW)	357	600	600	600
DT-Klemmenwırkungsgrad	η_{DT} (——)	0,4145	0,4242	0,4242	0,4425
sonst. Verlust DT	η_{VDT} (——)	0,940	0,940	0,940	0,940
Kesselwırkungsgrad	η'_K (——)	0,952	0,955	0,900	0,935
sonst Verluste Kessel	η_{VK} (——)	0,990	0,990	0,990	0,990
GT-Brennstoff		Gas	Gas	Gas	—
DT-Brennstoff		Gas	Gas	Kohle	Gas

Zur Berechnung des charakteristischen Verhaltens eines Kombiblockes werden im wesentlichen, wie die Gleichungen 5.12 bis 5.16 zeigen, die im Bild 36, beispielhaft für den Block mit P = 398 MW, in Abhängigkeit von der auf die Vollastleistung bezogenen abgegebenen Leistung P^* des Kombiblockes dargestellten Wirkungsgrad benötigt, die ebenfalls auf ihren jeweiligen Vollastwert bezogen sind. Die Daten des Vollastpunktes sind ebenfalls im Bild 36 eingetragen.

Wie zu sehen ist, nimmt der bezogene Klemmenwirkungsgrad η^*_{DT} mit der Last ab, und zwar solange bis die Kesselmindestlast erreicht ist und die Gasturbine heruntergeregelt werden muß.

Im GT-Regelbereich ändert sich der Klemmenwirkungsgrad des DT-Blockes nicht mehr.

Der bezogene Klemmenwirkungsgrad des Gasturbinenblockes η^*_{GT} bleibt bis zum Erreichen des Punktes, an dem die Gasturbine mit zur Regelung herangezogen wird, konstant. Er fällt dann allerdings sehr stark ab, weil in diesem Beispiel die GT-Leistung (Vollast 50 MW) gegenüber der Kombiblockleistung relativ klein ist und außerdem, wie Bild 35 gezeigt hat, der Wirkungsgrad der Gasturbine selbst mit fallender GT-Leistung schon beträchtlich sinkt.

Der bezogene Kesselwirkungsgrad $\eta_K^{'*}$ nimmt mit sinkender Last zunächst geringfügig zu und fällt dann langsam ab. Bei etwa 50 % Last sinkt er bis zum Erreichen der Kesselmindestlast stärker ab. Dies erklärt sich daraus, daß unter 50 % Last, im vorliegenden Beispiel, die Kesselabgastemperatur angehoben werden muß, um die Wärme an den Dampf übertragen zu können (Pinch-Point). Im Bereich der geregelten Gasturbine ändert sich der Kesselwirkungsgrad nicht mehr.

Der bezogene Eigenbedarfswirkungsgrad η_E^* ändert sich nur sehr wenig. Das heißt, der Eigenbedarf nimmt ähnlich stark wie die Gesamtklemmenleistung des Kombiblockes selbst ab. Der Knick, der beim Einsetzen der GT-Regelung zu erkennen ist, erklärt sich daraus, daß unter dieser Teillast der Eigenbedarf fast konstant bleibt, während die abgegebene Gesamtklemmenleistung des Kombiblockes, auf die bezogen wird, jedoch weiter fällt.

Ähnliche Verläufe der Einzelwirkungsgrade ergeben sich auch für die beiden anderen hier behandelten Kombi-Blöcke.

Bild 37 zeigt die bezogenen Wirkungsgrade η^* der verschiedenen Kombiblöcke und, strichpunktiert eingetragen, des Dampfkraftwerksblockes in Abhängigkeit von der bezogenen Last P^*. Außerdem sind zum Vergleich für den Fall des Kombiblockes mit der Nettoleistung P_0 = 398 MW (durchgezogener Linienzug) einige Meßergebnisse eingetragen.

Deutlich ist der Einfluß des Leistungsverhältnisses P_{DT}/P_{GT} zu erkennen, dessen Abnahme im Bereich der DT-Regelung dafür sorgt, daß der Wirkungsgrad des Kombiblockes bei abnehmender Last im Fall $(P_{DT}/P_{GT})_o$ = 7,1394 weniger rasch fällt als der des DT-Blockes und sogar für die Fälle $(P_{DT}/P_{GT})_o$ = 3 in einem Teilbereich noch beträchtlich ansteigt. Ein starker Abfall der bezogenen Wirkungsgrad der Kombiblöcke setzt erst ein, wenn der Kesselwirkungsgrad abfällt, weil die Temperatur des Rauchgases angehoben werden muß (Pinch-Point) und wenn die Gasturbine mit zur Regelung herangezogen wird. Im wesentlichen ist dieser Abfall also auch eine Folge des sich ändernden Leistungsverhältnisses, das bei sinkender Gasturbinenleistung wieder ansteigt.

Auf den ersten Blick erscheint die Tatsache etwas eigenartig, daß der mit Kohle nachgefeuerte Block zu größeren, bezogenen Teillastwirkungsgraden führt als der sehr ähnliche, mit Gas nachgefeuerte Block. Dies liegt daran, daß die absolute Steigerung der Wirkungsgrade etwa gleich groß ist, die Bezugswerte aber verschieden sind. Und zwar ist der Bezugswert des mit Kohle nachgefeuerten Blockes kleiner als der des mit Gas gefeuerten Kessels.

Bild 38 zeigt den spezifischen Wärmeverbrauch der Kombiblöcke und des Dampfkraftwerksblockes als Funktion der Last P^*.

Hieraus kann man erkennen, welcher Gewinn in Bezug auf den zuzuführenden Brennstoff beim Einsatz der verschiedenen Kombiblöcke gegenüber einem DT-Block erreichbar ist. Natürlich sind auch die Grenzen dieser Überlegenheit absteckbar. Selbstverständlich müssen außer der Höhe des Wärmeverbrauches auch die Kosten für die einzusetzenden Brennstoffe bei den verschiedenen Anlagen mit ins Kalkül einbezogen werden. Falls der Kessel des Kombiblockes mit einem preiswerteren Brennstoff gefeuert wird, als er für die Gasturbine einzusetzen ist, ist das Verhältnis des im Kessel zugeführten Primärenergiestromes zu dem in der Gasturbine zugeführten chemisch gebundenen Energiestrom $\dot{E}_{DT}/\dot{E}_{GT}$ von entscheidendem Einfluß auf die Stromerzeugungskosten.

Vergleicht man die Wärmeverbräuche der beiden Kombiblöcke mit den Auslegungsleistungsverhältnisse $(P_{DT}/P_{GT})_o = 3$ miteinander, so fällt auf, daß bei kleinen Lasten, etwa unterhalb von $P^* = 0{,}6$, die Überlegenheit des mit Gas nachgefeuerten Kessels merklich abnimmt bis der Punkt erreicht ist, bei dem die Gasturbine mit zur Regelung herangezogen wird. Dies hat folgende Gründe:

In diesem Bereich muß die Rauchgastemperatur des mit Gas nachgefeuerten Kessels angehoben werden, um die Wärme an das Wasser bzw. den Dampf übertragen zu können (Pinch-Point). Die damit dem Rauchgas mitgegebene thermische Leistung kann trotz Abschaltung aller mit Entnahmedampf beheizter Speisewasservorwärmer nur zum Teil genutzt werden. Folge davon ist ein starker Abfall des Kesselwirkungsgrades, da die im Kamin abzuführende Wärmemenge steigt. Außerdem wird durch das erwähnte Abschalten der Speisewasservorwärmer insgesamt die Wärme an den Dampfkreislauf bei niedrigerer Temperatur zugeführt. Das führt zu niedrigeren Prozeß- und damit zu niedrigeren Klemmenwirkungsgraden des DT-Blockes.

Beim mit Kohle nachgefeuerten Kessel ist die notwendige Anhebung der Rauchgastemperatur wesentlich geringer, weil die Temperaturen schon im Auslegepunkt höher sein müssen. Dadurch ist der Abfall des Kesselwirkungsgrades nicht so gravierend. Außerdem bleiben einige mit Entnahmedampf beheizte Speisewasservorwärmer auch bei den niedrigen Teillasten in Betrieb, was zu einem nicht so starken Abfall des Klemmenwirkungsgrades führt.

Die Abhängigkeit des Primärstromverhältnisses $\dot{E}_{DT}/\dot{E}_{GT}$ von der bezogenen Last zeigt Bild 39.

Auch hier hat das Leistungsverhältnis den entscheidenden Einfluß. Und zwar nimmt das Energiestromverhältnis mit abnehmendem Leistungsverhältnis ebenfalls ab - und umgekehrt. Das höhere Primärenergiestromverhältnis des mit Kohle nachgefeuerten Blockes gegenüber dem des Blockes der bei gleichem Leistungsverhältnis mit Gas nachgefeuert wird ist auf den geringeren Kesselwirkungsgrad und den höheren Eigenbedarf des mit Kohle nachgefeuerten Blockes zurückzuführen.

Bild 40 zeigt die Abhängigkeit der auf die abgegebene Nettoleistung bezogenen, abzuführenden Wärmeströme von der Last.

Der im Kondensator abzuführende, bezogene Wärmestrom ist im wesentlichen vom Leistungsverhältnis, vom Klemmenwirkungsgrad des DT-Blockes und vom Eigenbedarf beeinflußt. Beim im Kamin abzuführenden, bezogenen Wärmestrom spielt außer den genannten Einflüssen der Kesselwirkungsgrad eine entscheidende Rolle.

6. Zusammenfassung

Im vorliegenden Bericht wird ein Rechenprogramm entwickelt, mit dem das Teillastverhalten eines konventionellen Dampfkraftwerksblockes aus dem Betriebsverhalten seiner Einzelkomponenten (Kondensatoren, Vorwärmer, Pumpen, etc.) vorausberechnet werden kann. Außerdem wird gezeigt, wie durch Zusammenfassen der Teillastergebnisse für einen Dampfturbinen- und einen Gasturbinenblock das Teillastverhalten von Kombi-Blöcken zu beschreiben ist.

Kapitel 2 befaßt sich mit der Verknüpfung der Einzelkomponenten durch Wasser- und Dampfströme bzw. Wellen, mit denen mechanische Leistung übertragen wird, zum Dampfkraftwerksblock.

Kapitel 3 zeigt die Berechnung des Teillastverhaltens der Komponenten des Dampfkraftwerksblockes, wobei die berechneten Charakteristiken soweit wie möglich mit Meßergebnissen bzw. Rechenergebnissen anderer Autoren verglichen werden.

Im Kapitel 4 wird der iterative Rechenablauf zur Ermittlung des Klemmenwirkungsgrades in Abhängigkeit von der Last für den Dampfkraftwerksblock und an einer Beispielrechnung die Leistungsfähigkeit des Rechenprogrammes dargelegt. Außerdem werden verschiedene Regelmöglichkeiten, die ohne wesentliche Änderung des Basisblockes berechenbar sind, gegenübergestellt.

Kapitel 5 befaßt sich mit dem Teillastverhalten von Kombi-Blöcken, wobei das Verhalten des Dampfturbinenblockes mit dem hier entwickelten Programm berechnet und das Teillastverhalten des Gasturbinenblockes mit einem ebenfalls am Institut für Dampf- und Gasturbinen der RWTH Aachen erarbeiteten Programm /6/ ermittelt wird.

7. Formelzeichen

A	Strömungsquerschnitt
C	Konstante
$\dot{E}$	Primärenergiestrom
Hu	Heizwert
Nu	Nusseltzahl
P	mechanische Leistung
Pr	Prandtlzahl
$\dot{Q}$	thermische Leistung
Re	Reynoldszahl
T	Temperatur
W	Konstante
a	spezifische Schaufelarbeit
c	Strömungsgeschwindigkeit
c_D	spezifische Wärmekapazität des Dampfes bei konstantem Druck
c_W	spezifische Wärmekapazität des Wassers
d	Durchmesser
g	örtliche Erdbeschleunigung
h	spezifische Enthalpie
j	spezifische Dissipation
k	Wärmedurchgangskoeffizient
$\dot{m}$	Massenstrom
$\dot{m}_W$	Entwässerungsmassenstrom
n	Drehzahl
n	Polytropenexponent
p	Druck
q	spezifische Wärme
u	Umfangsgeschwindigkeit

x	Dampfgehalt
y	spezifische Strömungsarbeit
z	geodätische Höhe
Λ	Absorptionsverhältnis
α	Wärmeübergangskoeffizient
ε	Ausnutzungsgrad
ε	Emissionsverhältnis
η	kinematische Viskosität
η	Wirkungsgrad
μ	Schluckzahl
π	Druckverhältnis
λ	Wärmeleitkoeffizient
ρ	Dichte
φ	Durchflußkenngröße
ψ_h	Enthalpiekenngröße
ψ_s	Einstrahlzahl
ψ_y	Druckkenngröße
ζ	Verlustkoeffizient

Indizes

A	Austritt
A	Abgas
B	Brennstoff
C	Brennkammer
D	Dampf
DT	Dampfturbine
E	Eintritt
E	Enthitzer
FD	Frischdampf

G	Rauchgas
GT	Gasturbine
K	Kondensat
K	Kessel
Kam	Kamin
Kond	Kondensator
KW	Kühlwasser
L	Luft
N	Nutzen
Opt	Optimum
R	Rohrwand
S	Sättigungszustand
Sp	Speisewasser
Str	Strahlung
U	Unterkühler
V	Verlust
VW	Vorwärmer
W	Wand
ZÜ	Zwischenüberhitzer
a	außen
el	elektrisch
fL	feuchte Luft
i	innen
m	mechanisch
t	Totalzustand
zu	zugeführt
o	Auslegungszustand
2	Stufenaustrittsquerschnitt

2, 3 } Speisewasserpfad siehe Bild 3

<u>Zeichen</u>

Δ	Differenz
*	auf die Auslegung bezogene Größe
-	geeigneter Mittelwert
"	auf der Taulinie
'	auf der Siedelinie

8. Literaturverzeichnis

/1/		VDI - Wärmeatlas VDI-Verlag Düsseldorf, 2. Auflage, 1974
/2/		Enstedvaerket, Projektierung Block 3 Mitteilung des Herstellers
/3/	Schumacher, A., Waldmann, H.	Wärme- und Strömungstechnik im Dampferzeugerbau Vulkan-Verlag, Essen, 1972
/4/	Dubbel	Taschenbuch für den Maschinenbauer Springer-Verlag Berlin·Heidelberg·New York, 13. Auflage, Neudruck 1974
/5/	Landolt-Börnstein	Physikalische und chemische Tabellen Springer-Verlag, 6. Auflage, 1971
/6/	Hlubek, W.	Das stationäre Betriebsverhalten von Gasturbinen Dissertation, RWTH Aachen, 1970
/7/		KWU - Durckschrift 10940 27615 Februar 1976
/8/		Gersteinwerk, Block G Mitteilung des Betreibers
/9/		Messungen des Instituts für Dampf- und Gasturbinen im Kraftwerk Anna, Alsdorf

Abbildungen

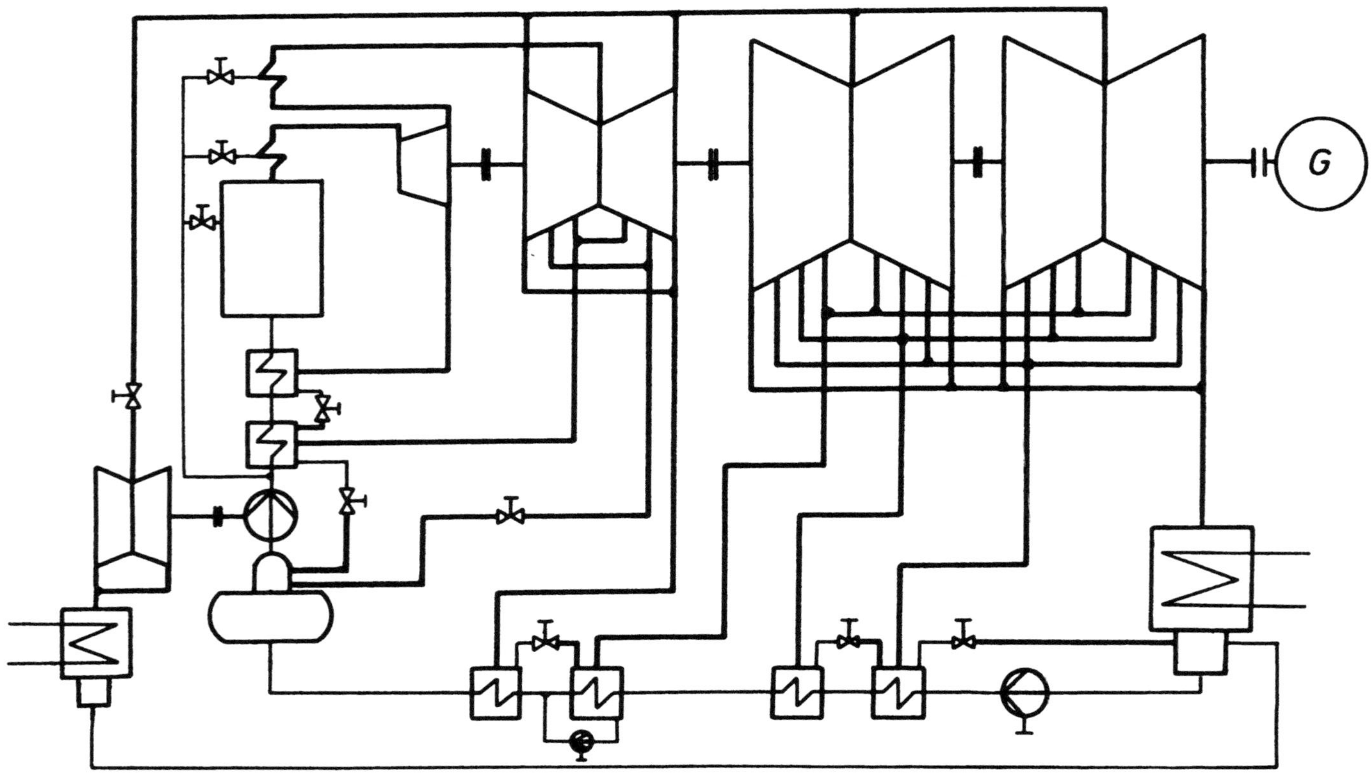

Bild 1: Prinzipschaltbild eines Dampfkraftwerksblockes /2/

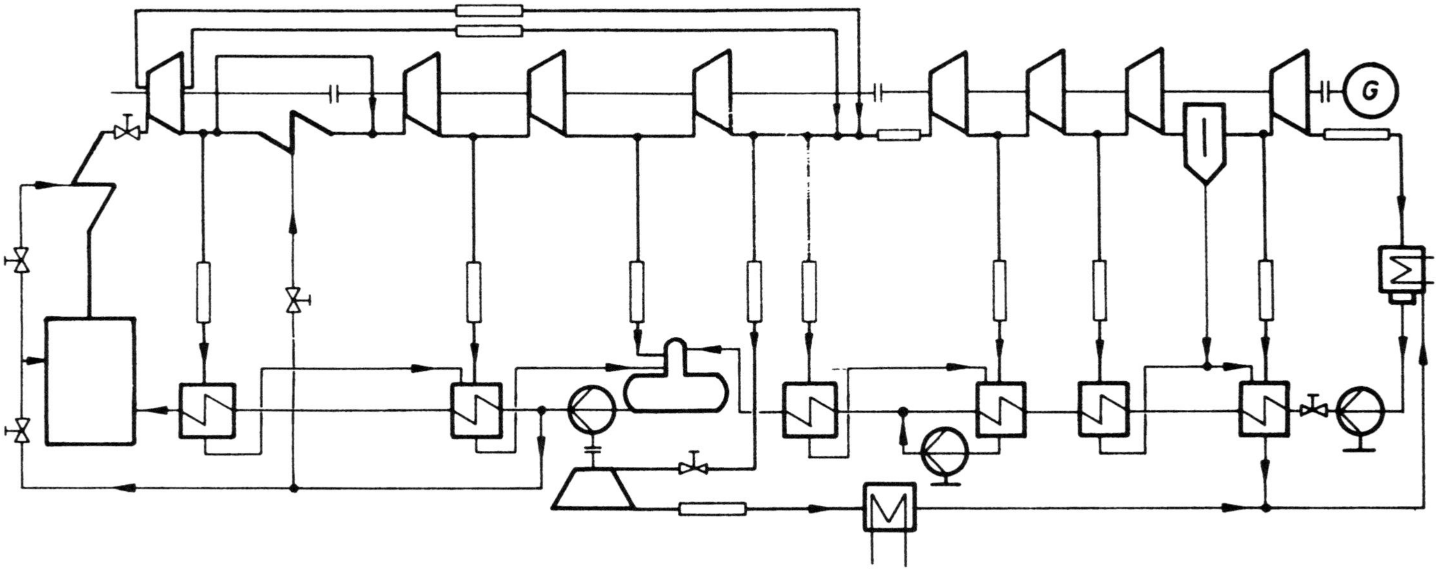

Bild 2: Kopplung der Komponenten zum Rechenmodell des Dampfkraftwerksblockes. Abweichend von DIN 2481 werden Rohre, in denen Druckverluste berücksichtigt sind, mit dem Symbol —▭— dargestellt.

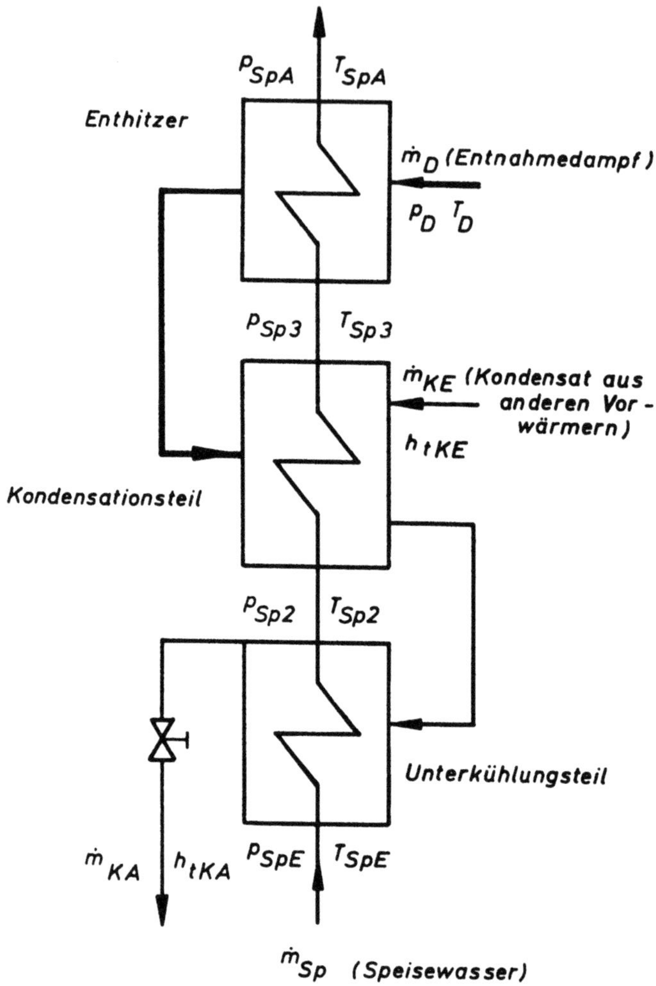

Bild 3: Modell eines Oberflächenvorwärmers

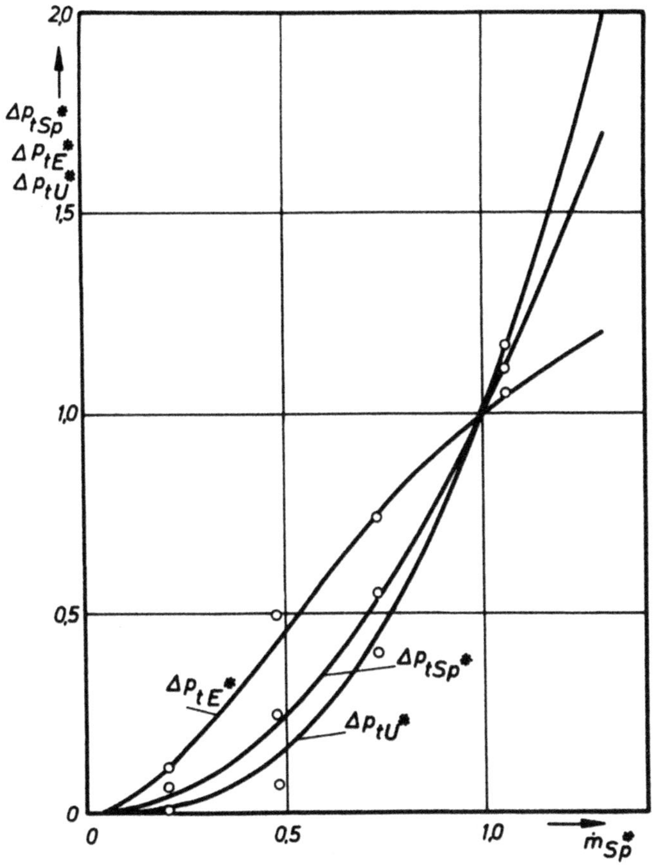

Sp = Speisewasserpfad, E = Enthitzer, U = Unterkühler

——— Rechnung   ooo Projektierungsdaten /2/

Bild 4: Bezogene Totaldruckverluste eines Oberflächenvorwärmers in Abhängigkeit vom bezogenen Speisewassermassenstrom $\dot{m}_{Sp}^*$. (Erster Hochdruckvorwärmer /2/)

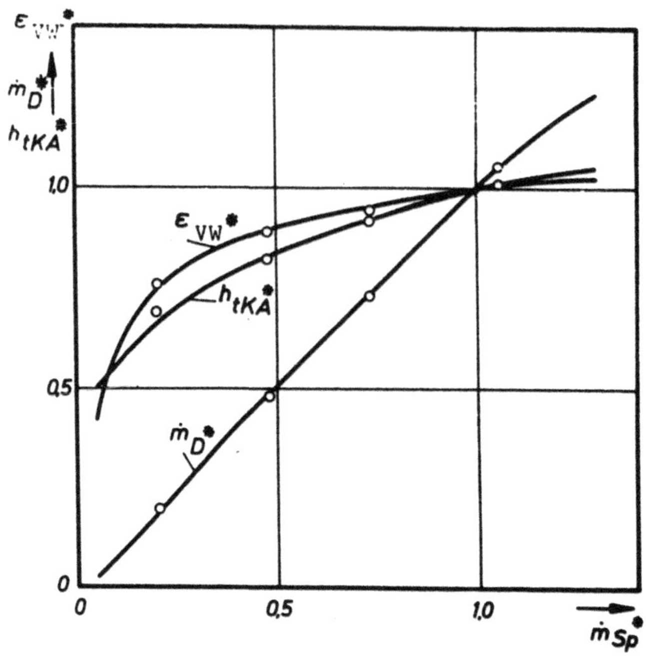

—— Rechnung ooo Projektierungsdaten /2/

$$\varepsilon_{VW} = \frac{T_{SpA} - T_{SpE}}{T_D - T_{SpE}} = \textit{Wärmeübertragerausnutzungsgrad}$$

$\dot{m}_D$ = *Entnahmedampfmassestrom*

h_{tKA} = *Kondensattotalenthalpie am Austritt*

$\dot{m}_{Sp}$ = *Speisewassermassenstrom*

Bild 5: Charakteristik eines Oberflächenvorwärmers (Erster Hochdruckvorwärmer /2/)

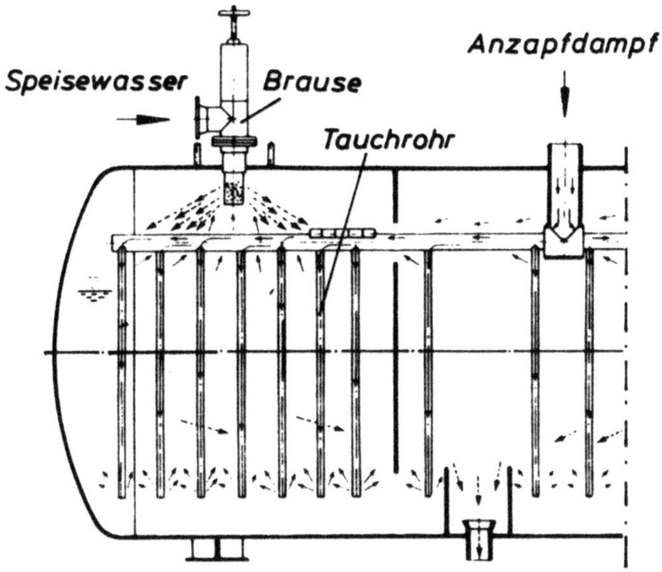

Bild 6: Funktionsprinzip eines Mischvorwärmers

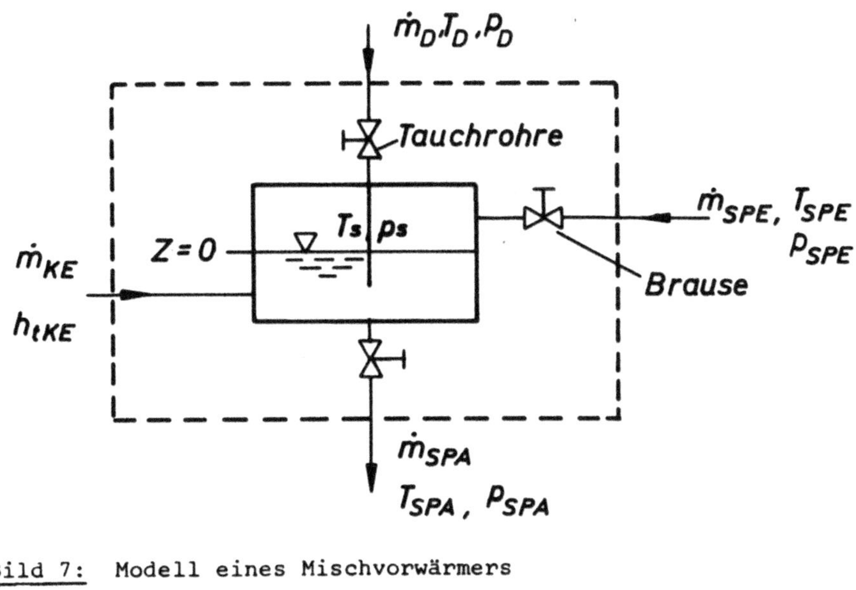

Bild 7: Modell eines Mischvorwärmers

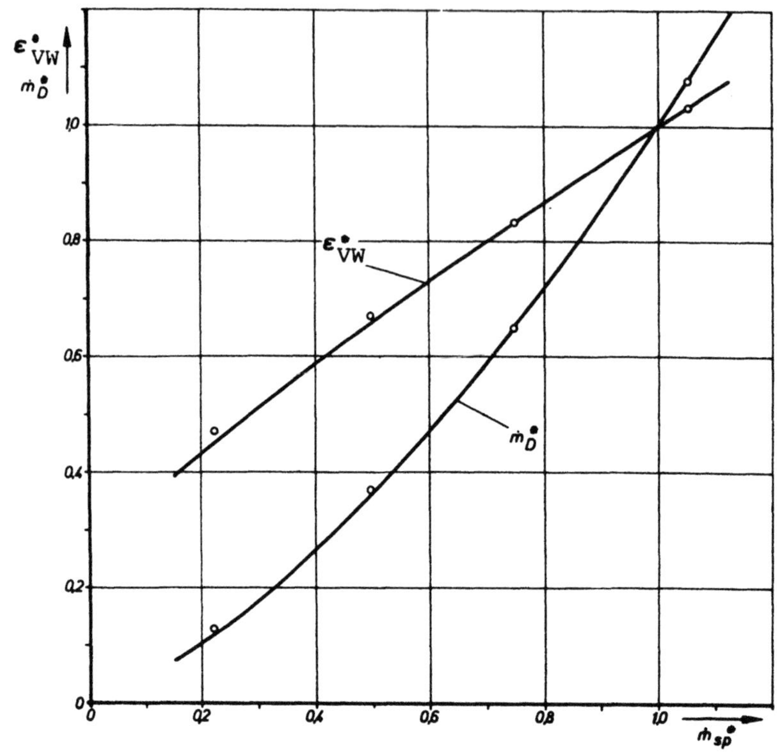

Bild 8: Bezogener Wärmeübertragerausnutzungsgrad ε^{*}_{VW} bzw. Entnahmedampfmassenstrom $\dot{m}^{*}_{D}$ eines Mischvorwärmers als Funktion des eintretenden bezogenen Speisewassermassenstromes $\dot{m}^{*}_{Sp}$.

——— Rechnung

o o o o Projektierungsdaten /2/

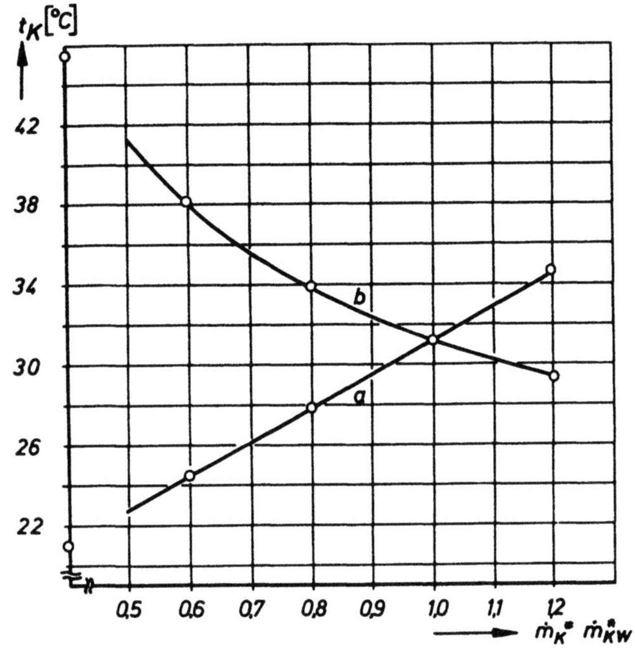

a Variation von $\dot{m}_K$

b Variation von $\dot{m}_{KW}$

Bild 9: Kondensationstemperatur t_K eines Kondensators als Funktion der bezogenen Kondensatmenge $\dot{m}_K^*$ bzw. Kühlwassermenge $\dot{m}_{KW}^*$

——— Rechnung mit dem Modell des Oberflächenvorwärmers

o o o o Rechnung mit

$$T_K^* = T_{KWE}^* \cdot \frac{T_{KWEo}}{T_{Ko}} + \frac{1}{9} \cdot \left(1 - \frac{T_{KWEo}}{T_{Ko}}\right) \cdot \left(1 + 8 \cdot \frac{\dot{m}_K^*}{\dot{m}_{KW}^{*\,2/3}}\right)$$

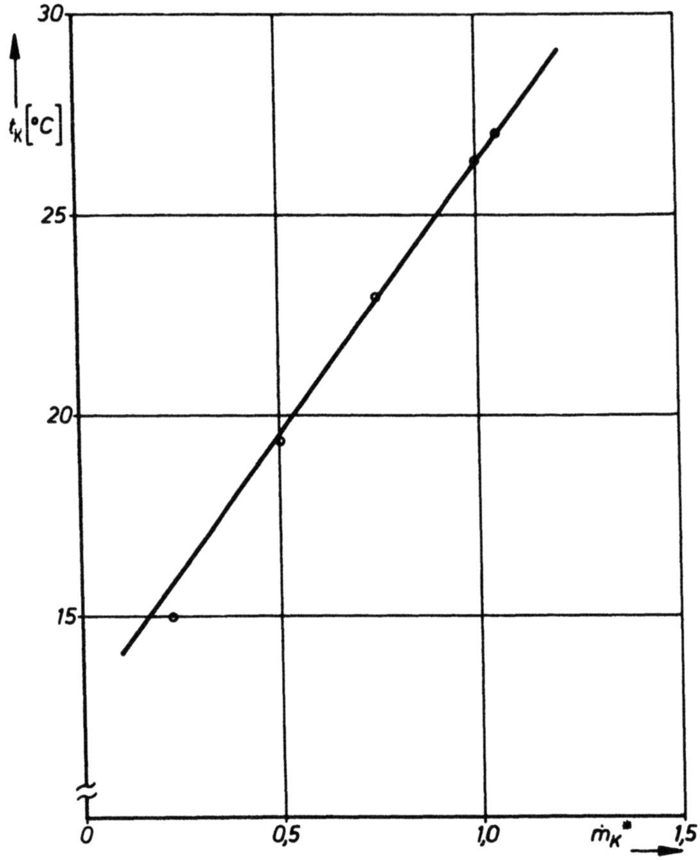

Bild 10: Kondensationstemperatur t_K in Abhängigkeit vom bezogenen Kondensatmassenstrom $\dot{m}_K^*$.

——— Rechnung mit

$$T_K^* = T_{KWE}^* \cdot \frac{T_{KWEo}}{T_{Ko}} + \frac{1}{9} \cdot \left(1 - \frac{T_{KWEo}}{T_{Ko}}\right) \cdot \left(1 + 8 \cdot \frac{\dot{m}_K^*}{\dot{m}_{KW}^{*\,2/3}}\right)$$

o o o o Projektierungsdaten /2/

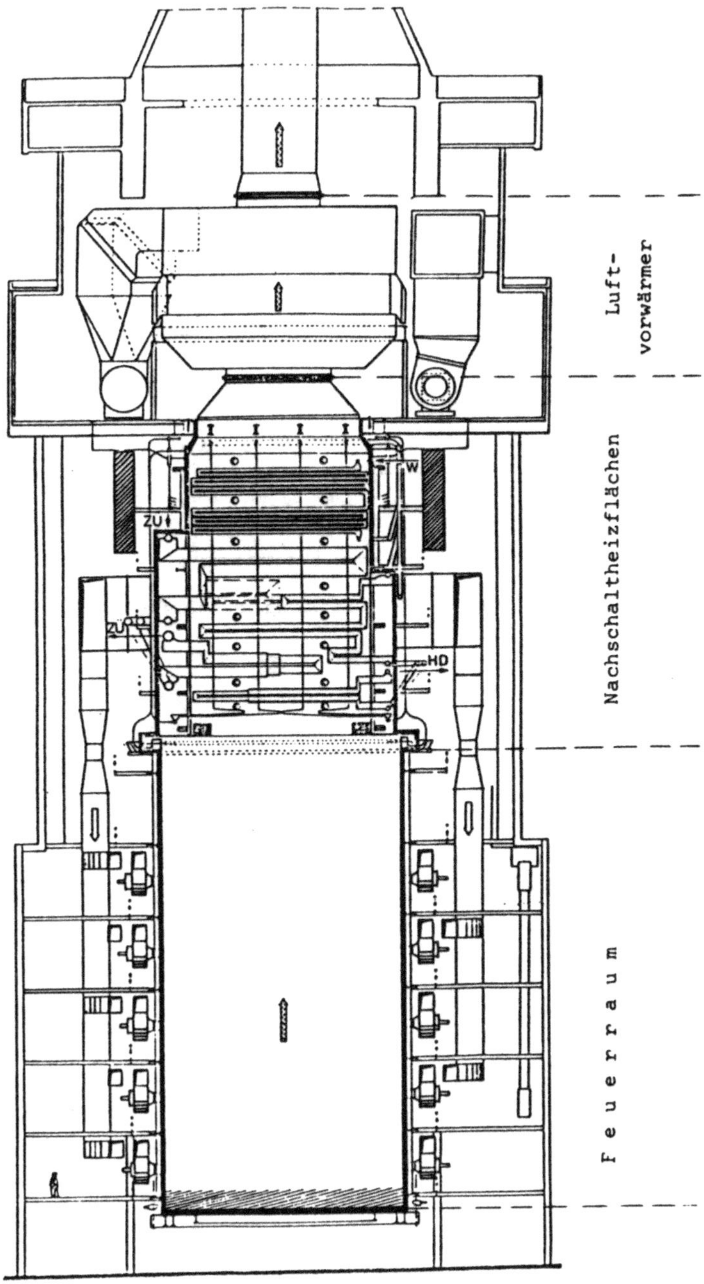

Bild 11: Schnitt durch einen Zwangsdurchlaufkessel /7/

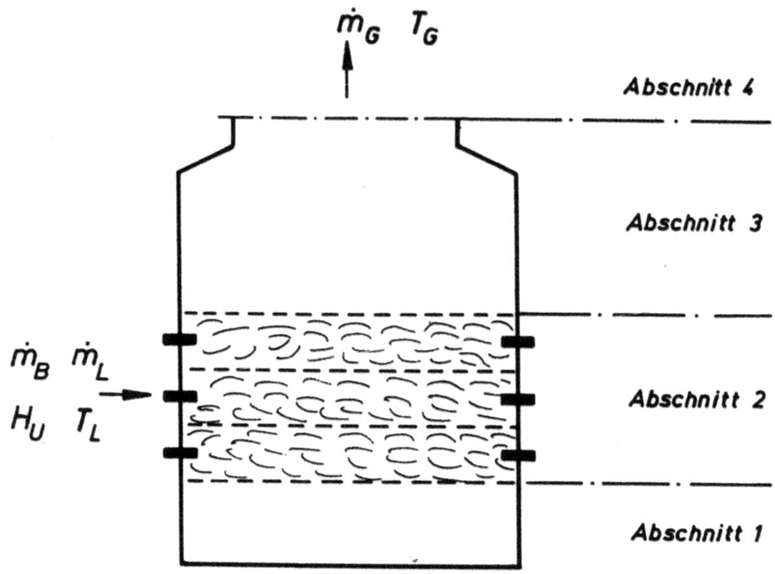

Bild 12: Modell des Feuerraumes eines Kessels

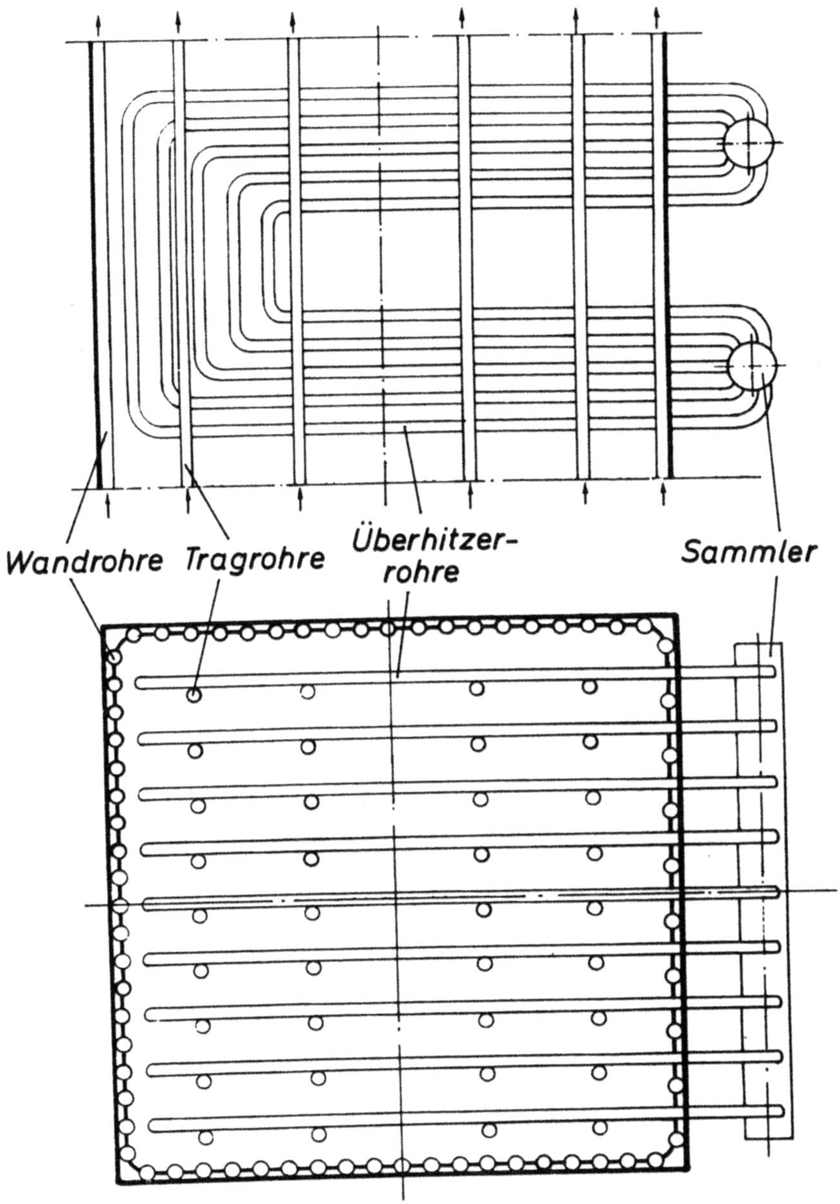

Bild 13: Beispiel für die Anordnung der wärmeübertragenden Rohre in einem Abschnitt der Nachschaltheizflächen des Kessels

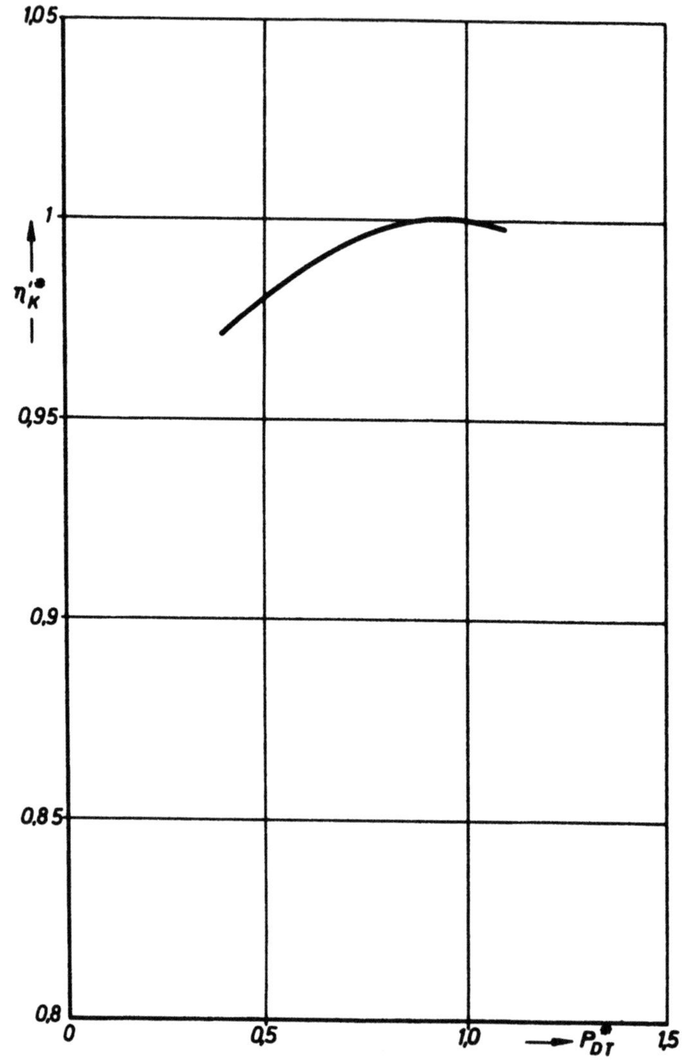

Bild 14: Bezogener Kesselwirkungsgrad (ohne mechanische Leistungen) $\eta_K'^*$ als Funktion der bezogenen Klemmenleistung des Dampfkraftwerksblockes P_{DT}^*

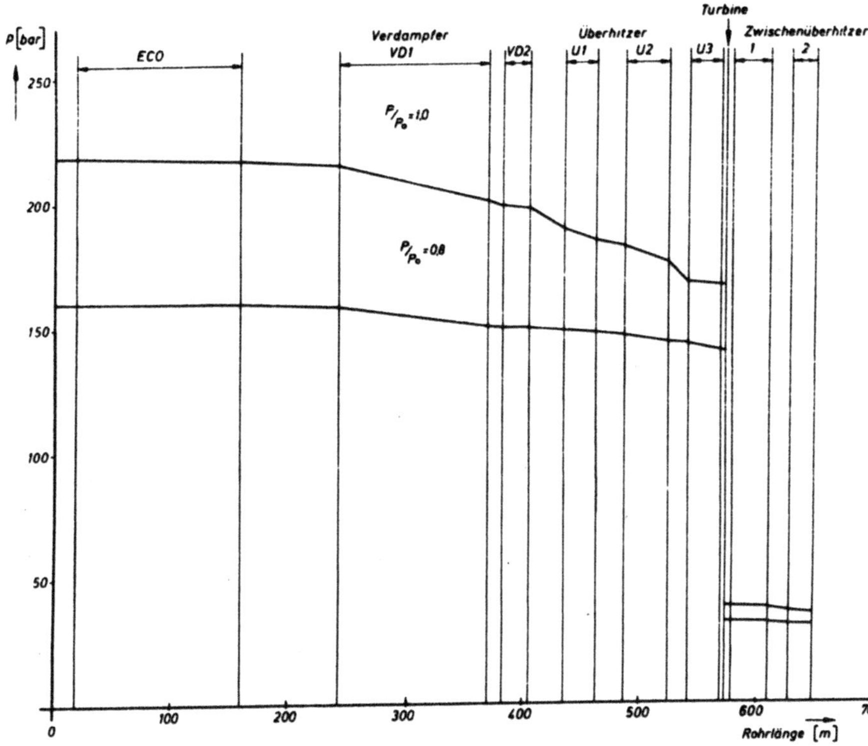

Bild 15: Druckverlauf im Kessel bei verschiedenen Lasten

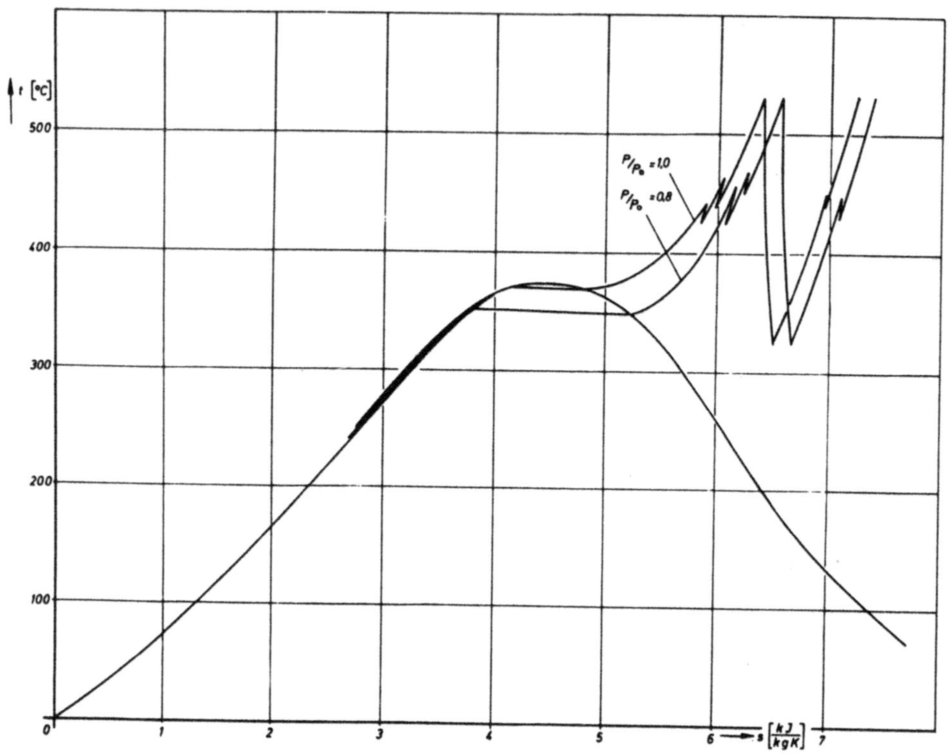

Bild 16: Temperaturprofil des Kessels bei verschiedenen Lasten

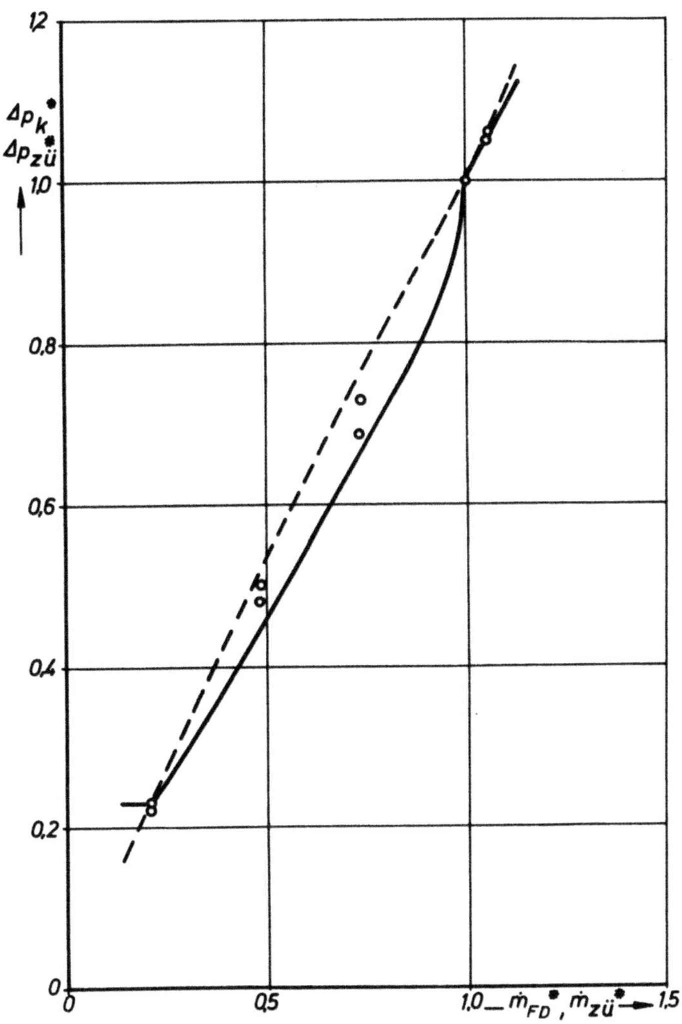

Bild 17: Bezogene Druckänderung im Kessel Δp_K^* bzw. Zwischenüberhitzer $\Delta p_{ZÜ}^*$ als Funktion des bezogenen Frischdampf- $\dot{m}_{FD}^*$ bzw. Überhitzermassenstromes $\dot{m}_{ZÜ}^*$

oooo Projektierungsdaten /2/

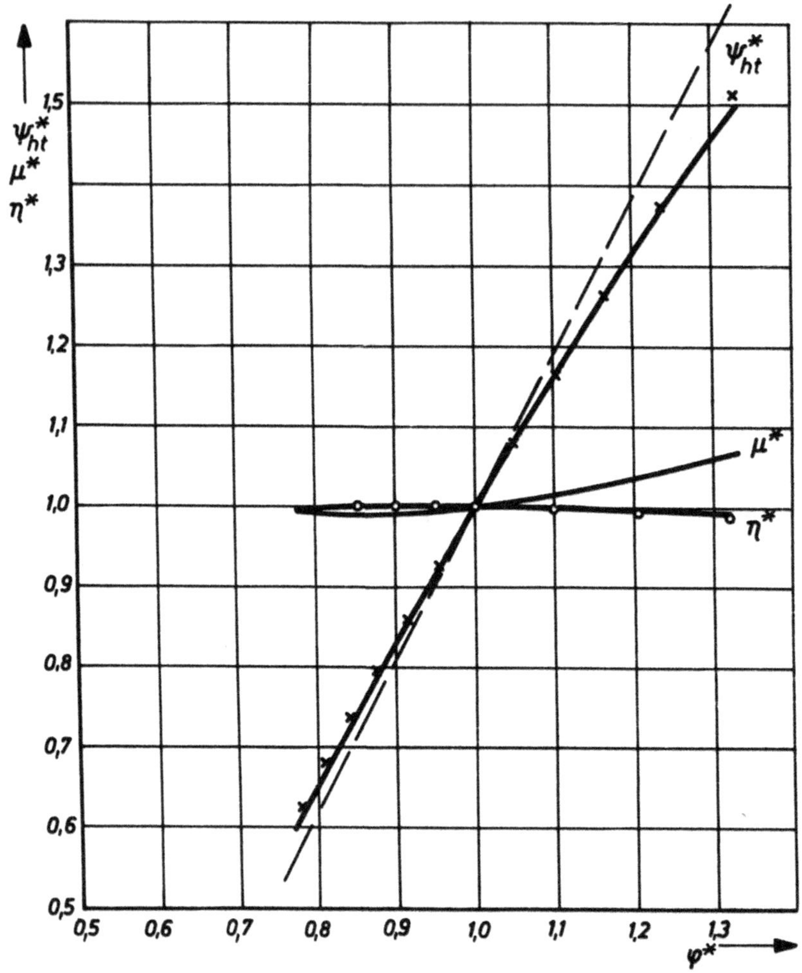

Bild 18: Bezogene Totalenthalpiekenngröße ψ_{ht}^*, bezogener polytroper Wirkungsgrad η^* und bezogene Schluckzahl μ^* einer Stufengruppe als Funktion der bezogenen Durchflußkenngröße φ^*

——— Gitterrechnung ; o o o o Messung

- - - aus $\psi_{ht}^* = \frac{2}{\psi_{hto}} + (1 - \frac{2}{\psi_{hto}}) \cdot \varphi^*$

x x x aus $\psi_{ht}^* = \frac{2}{\psi_{hto}} + \frac{2 \cdot \varphi_o}{\psi_{hto}} \cdot \text{ctg}\, \beta_{20} \cdot \varphi^* + (1 - \frac{2}{\psi_{hto}} - \frac{2 \cdot \varphi_o}{\psi_{hto}} \cdot \text{ctg}\, \beta_{20}) \cdot \sqrt[4]{\rho_A^* / \rho_E^*} \cdot \varphi^*$

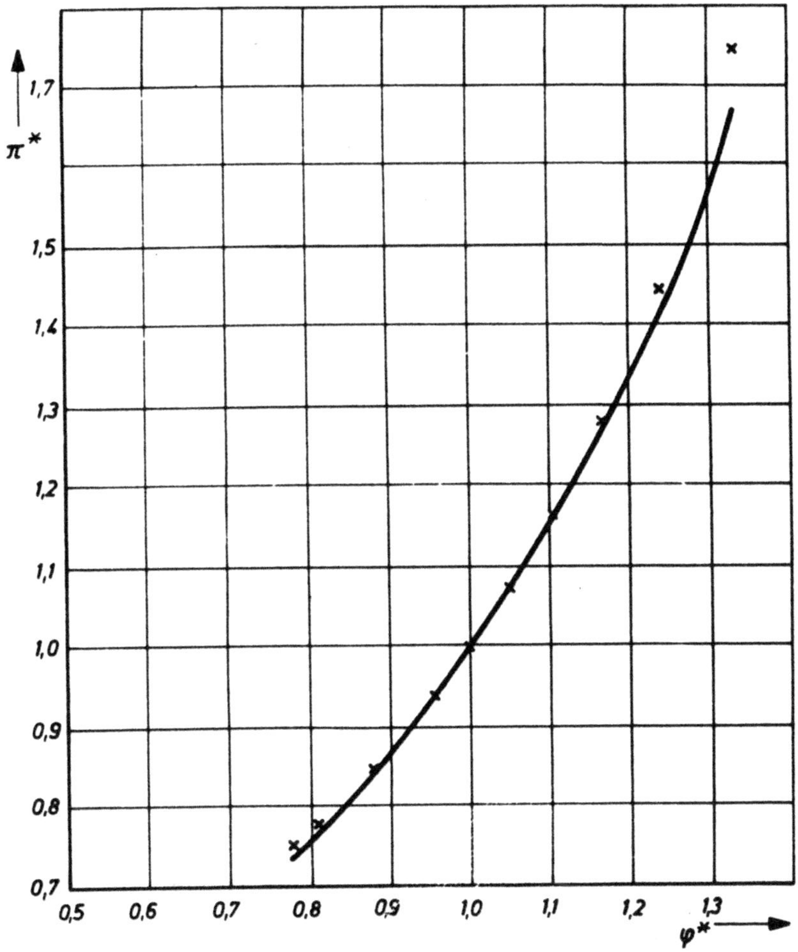

Bild 19: Bezogenes Druckverhältnis π^* einer Stufengruppe als Funktion der bezogenen Durchflußkenngröße φ^*

——————— aus Gitterrechnung

x x x x aus $\pi^* = \dfrac{1}{\pi_o \cdot (1 - \dot{m}^{*2} \cdot e^* \cdot (1 - (1/\pi_o)^{e_o}) \;/\; (p_E^* \cdot \rho_E^*))^{1/e}}$

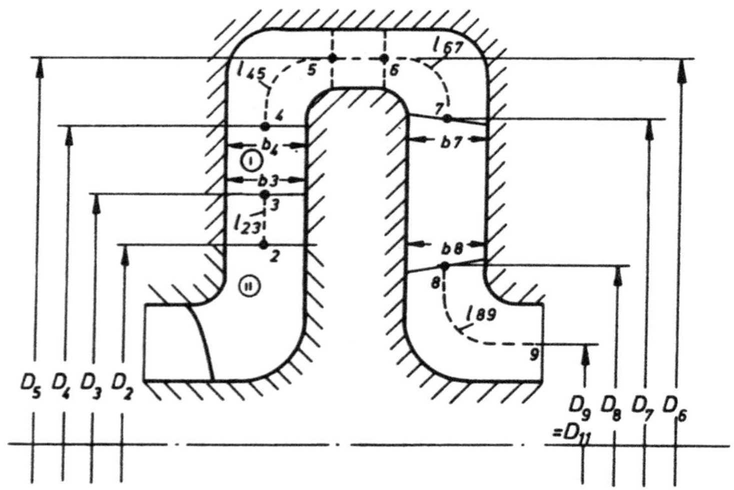

Strömungskanal im Meridionalschnitt

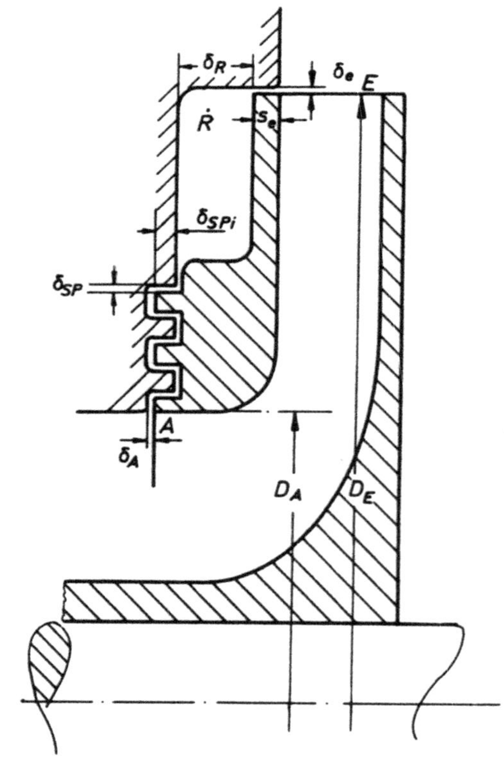

Radseitenraum

Bild 20: Auszug aus benötigter Pumpengeometrie

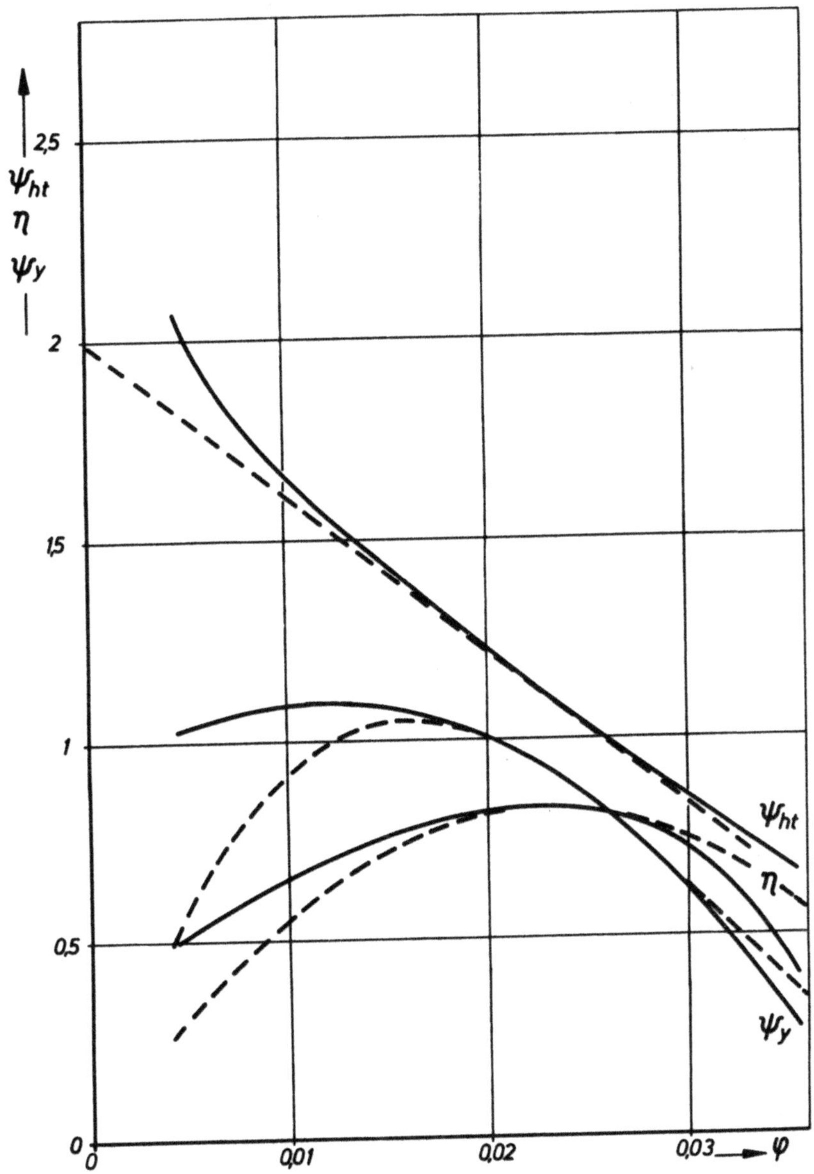

Bild 21: Pumpencharakteristik

—— Abschnittweise Durchrechnung

---- Näherungsrechnung

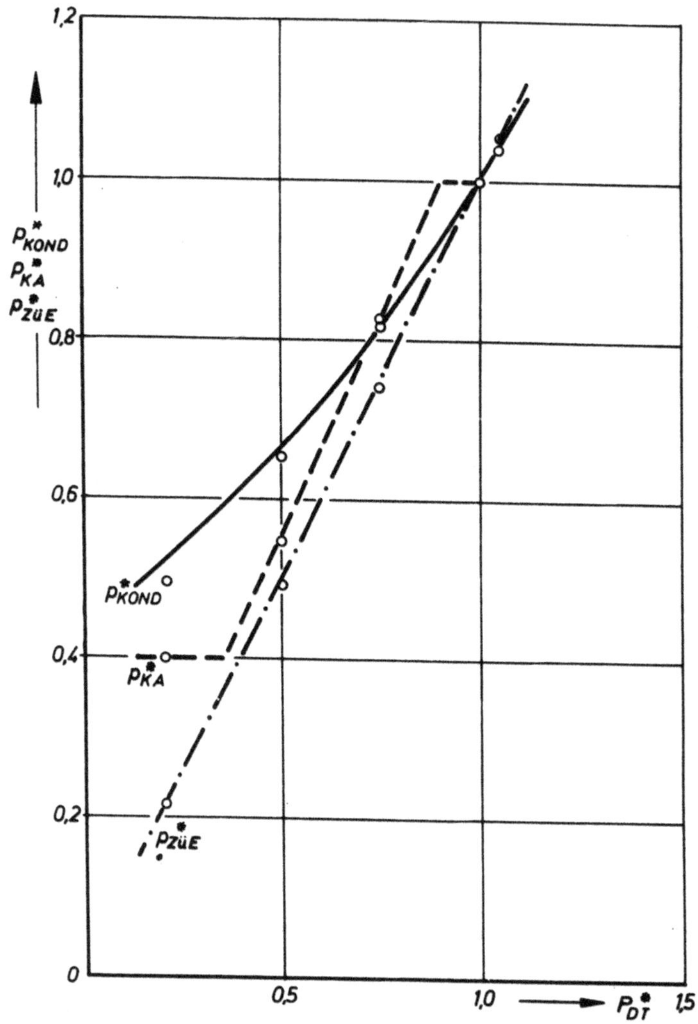

Bild 22: Bezogener Kesselaustrittsdruck p^*_{KA}, Kondensationsdruck p^*_{Kond} und Zwischenüberhitzereintrittsdruck $p^*_{ZÜE}$ in Abhängigkeit von der bezogenen Klemmenleistung P^*_{DT}

- - - -, ———, —·—·— } Rechnung

o o o o Projektierungsdaten /2/

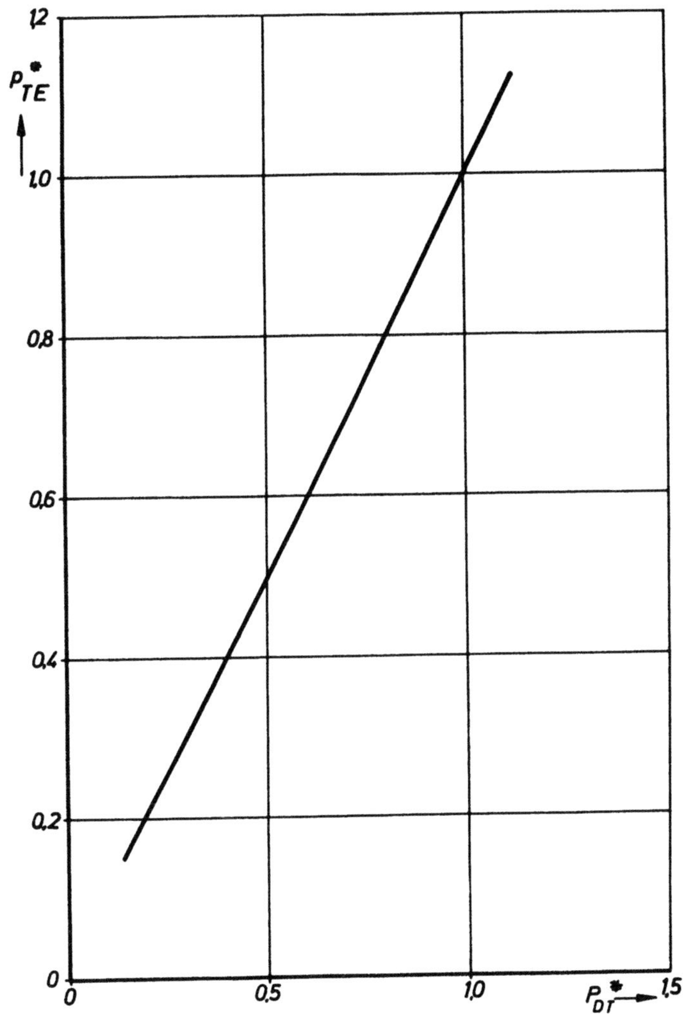

<u>Bild 23:</u> Bezogener Turbineneintrittsdruck P^*_{TE} als Funktion der bezogenen Klemmenleistung P^*_{DT}

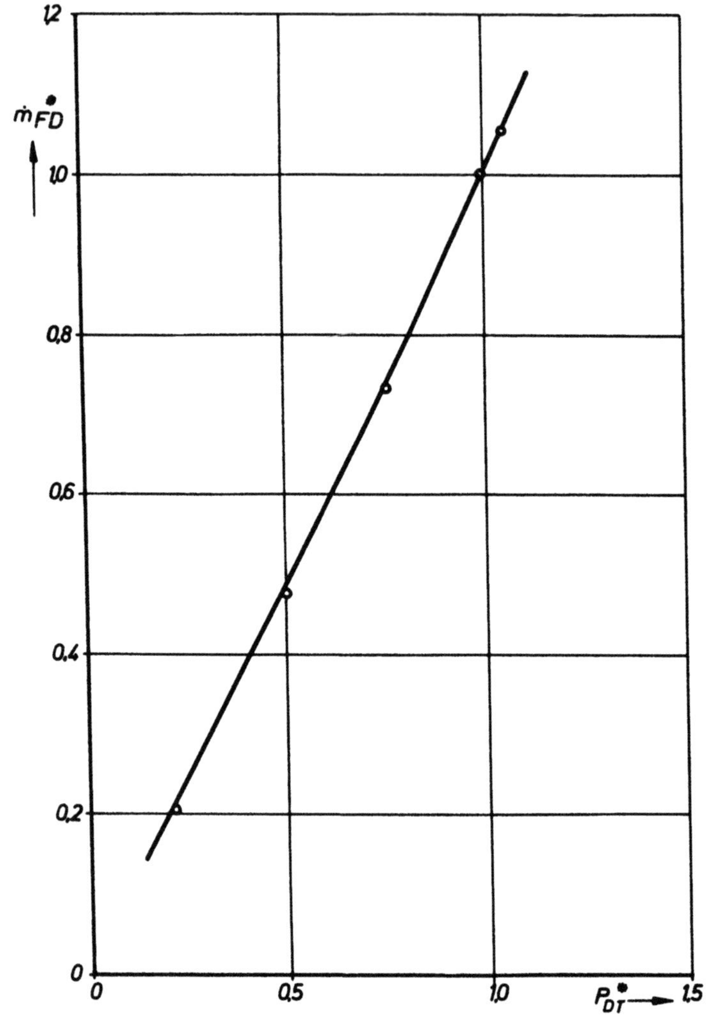

Bild 24: Bezogener Frischdampfmassenstrom $\dot{m}^*_{FD}$ (am Kesselaustritt) in Abhängigkeit von der bezogenen Klemmenleistung P^*_{DT}

——— Rechnung ; o o o Projektierungsdaten /2/

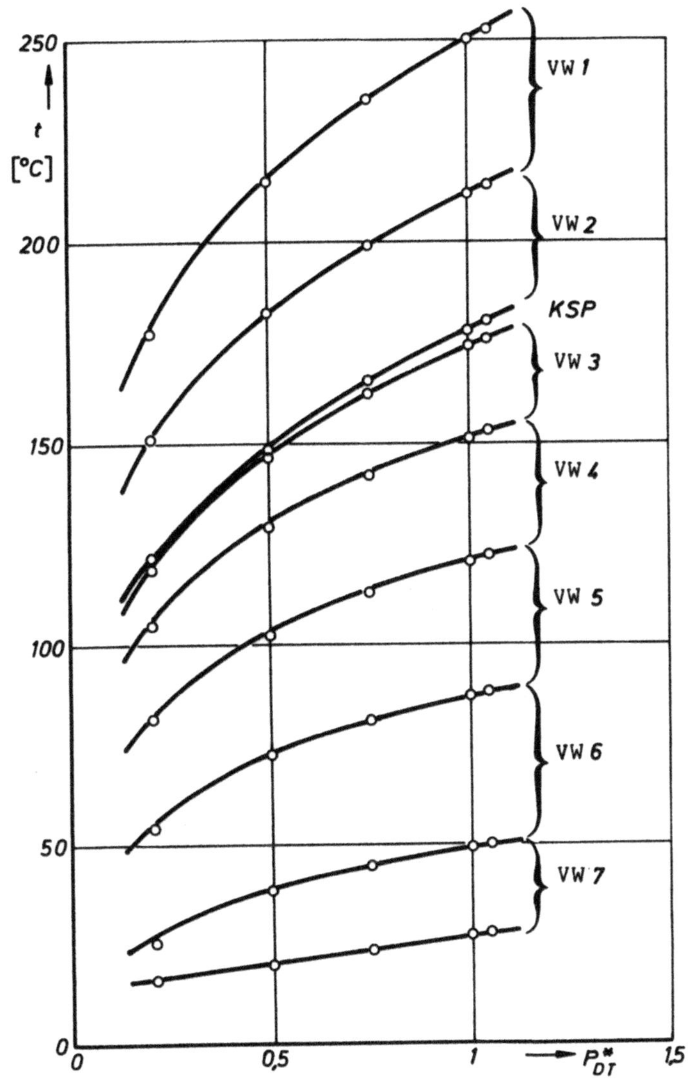

Bild 25: Temperaturen t des Speisewassers in der Vorwärmkette als Funktion der bezogenen Klemmenleistung P^*_{DT}

——— Rechnung ; o o o Projektierungsdaten /2/

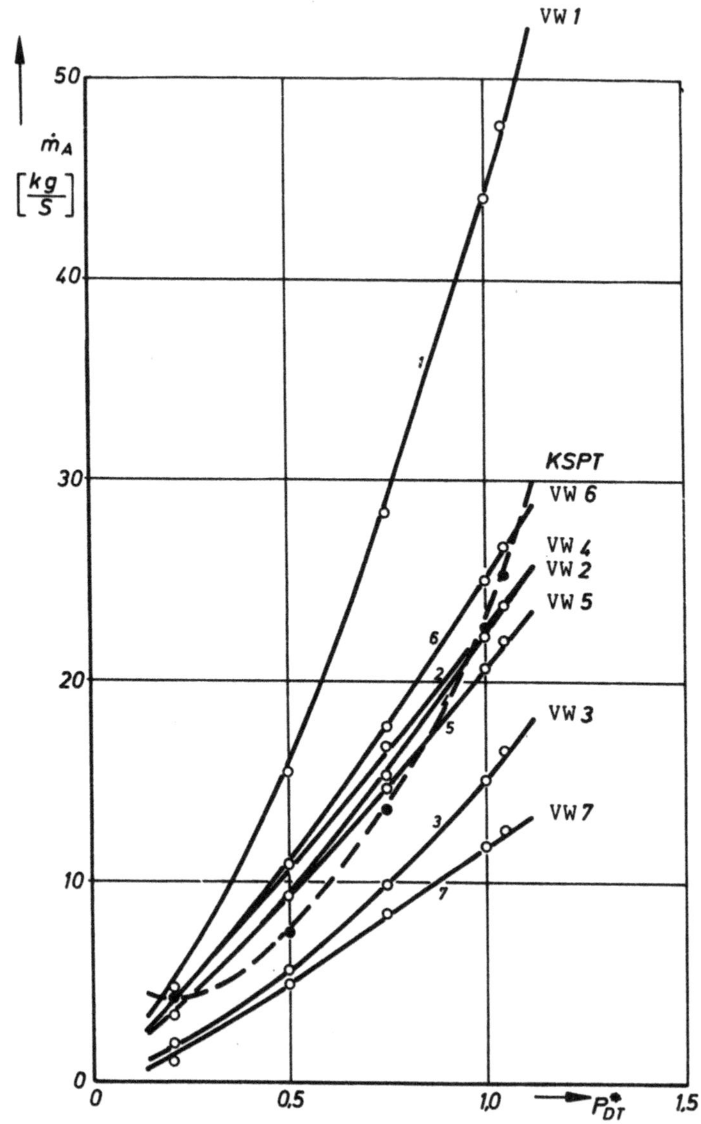

Bild 26: Anzapfdampfmassenströme $\dot{m}_A$ für die Vorwärmer 1 bis 7 und die Kesselspeisepumpenturbine (- - -) als Funktion der bezogenen Klemmenleistung P^*_{DT}

——— / - - - - - } Rechnung ; ○○○ / ●●● } Projektierungsdaten /2/

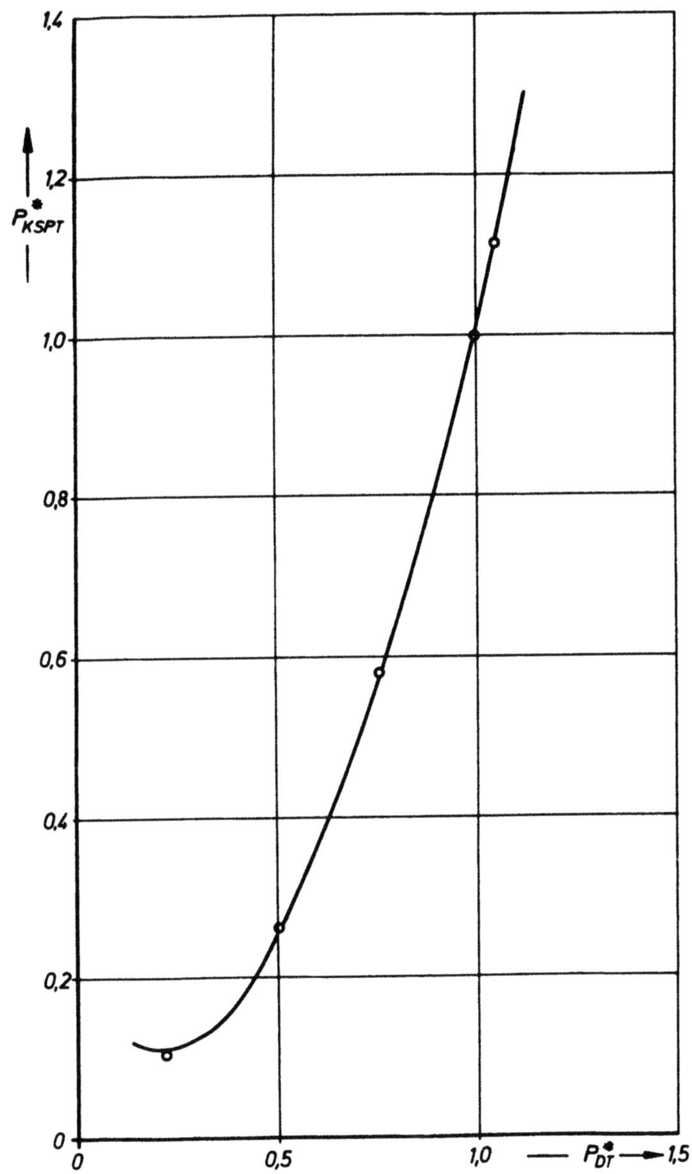

Bild 27: Bezogene Kesselspeisepumpenturbinenleistung P^*_{KSPT} in Abhängigkeit von der Last

——— Rechnung ; o o o Projektierungsdaten /2/

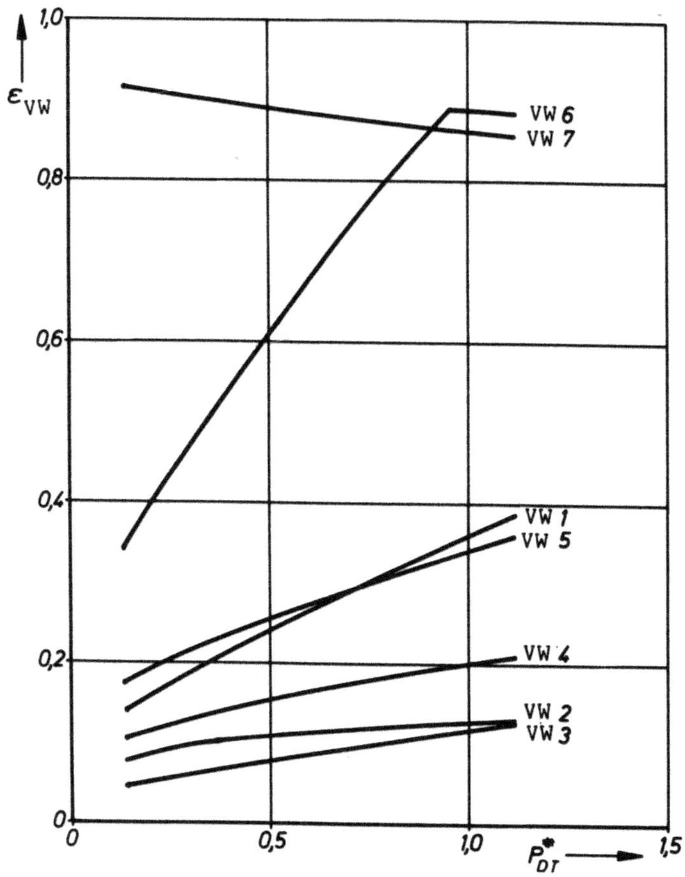

Bild 28: Wärmeübertragerausnutzungsgrade ε_{VW} für die Vorwärmer 1 bis 7 als Funktion der bezogenen Klemmenleistung P_{DT}^{*}

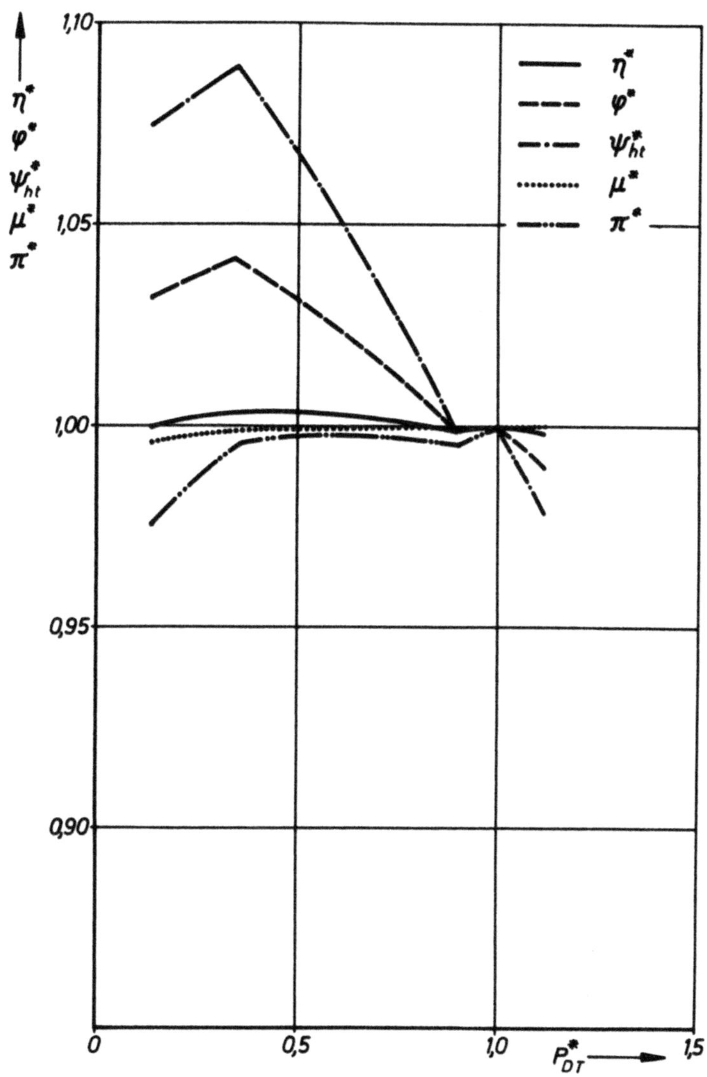

Bild 29: Kenngrößen des Hochdruckteiles der Turbine (1. Stufengruppe) in Abhängigkeit von der bezogenen Klemmenleistung P^*_{DT}

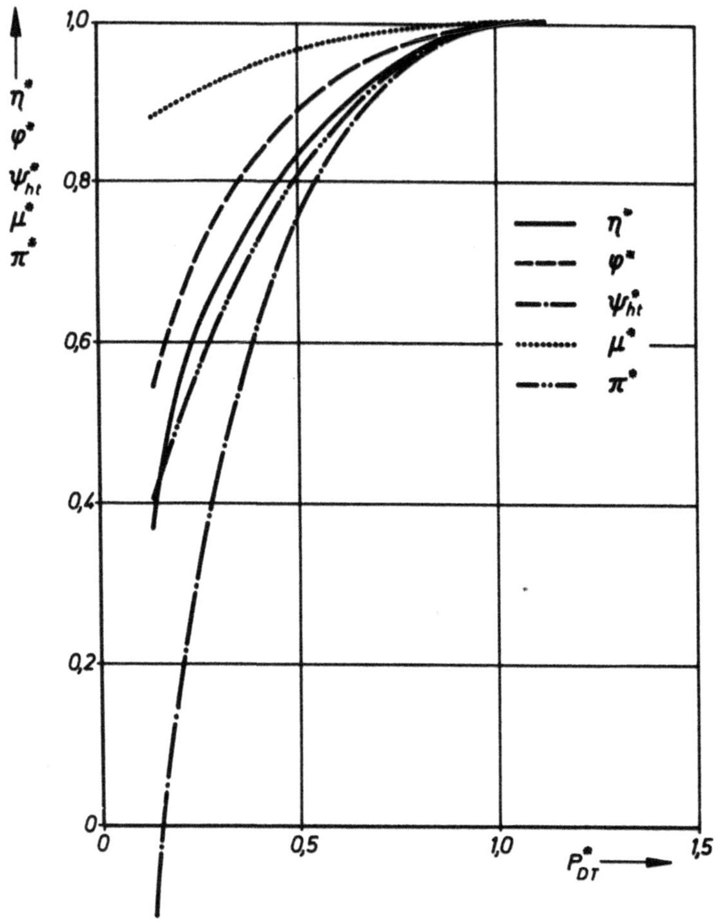

Bild 30: Kenngrößen der Endstufe als Funktion der bezogenen Klemmenleistung P^*_{DT}

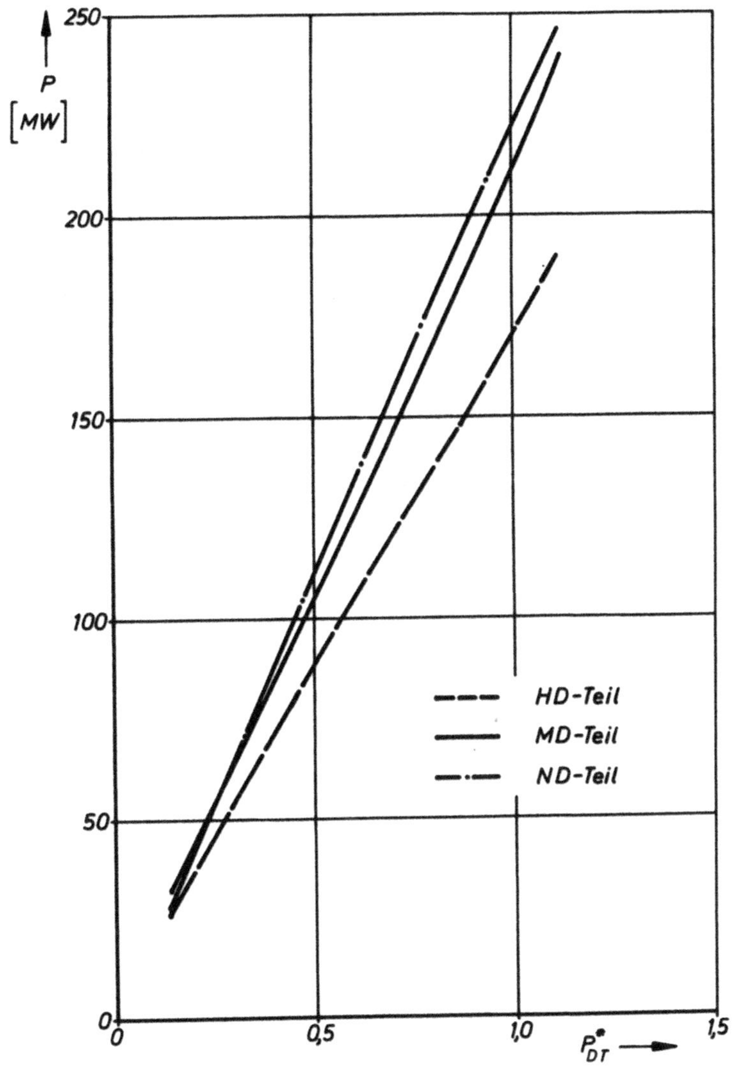

Bild 31: Innere Leistung des Hochdruck-, Mitteldruck- und Niederdruckteiles der Turbine P in Abhängigkeit von der Last

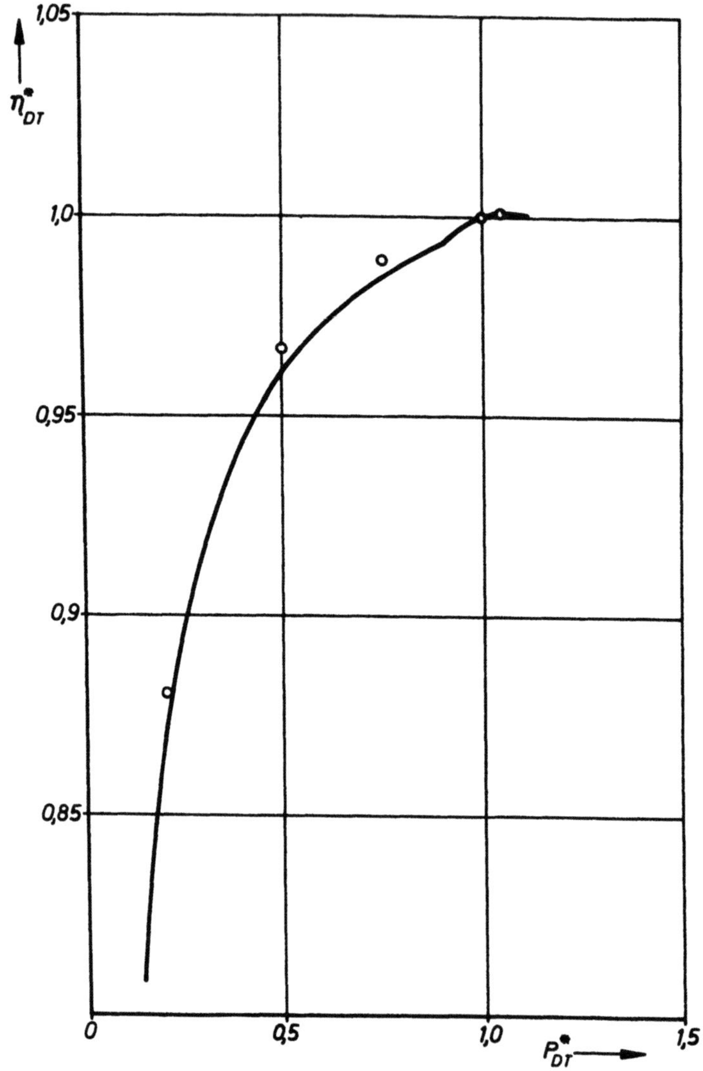

Bild 32: Bezogener Klemmenwirkungsgrad η^*_{DT} als Funktion der bezogenen Klemmenleistung P^*_{DT}

——— Rechnung ; o o o Projektierungsdaten /2/

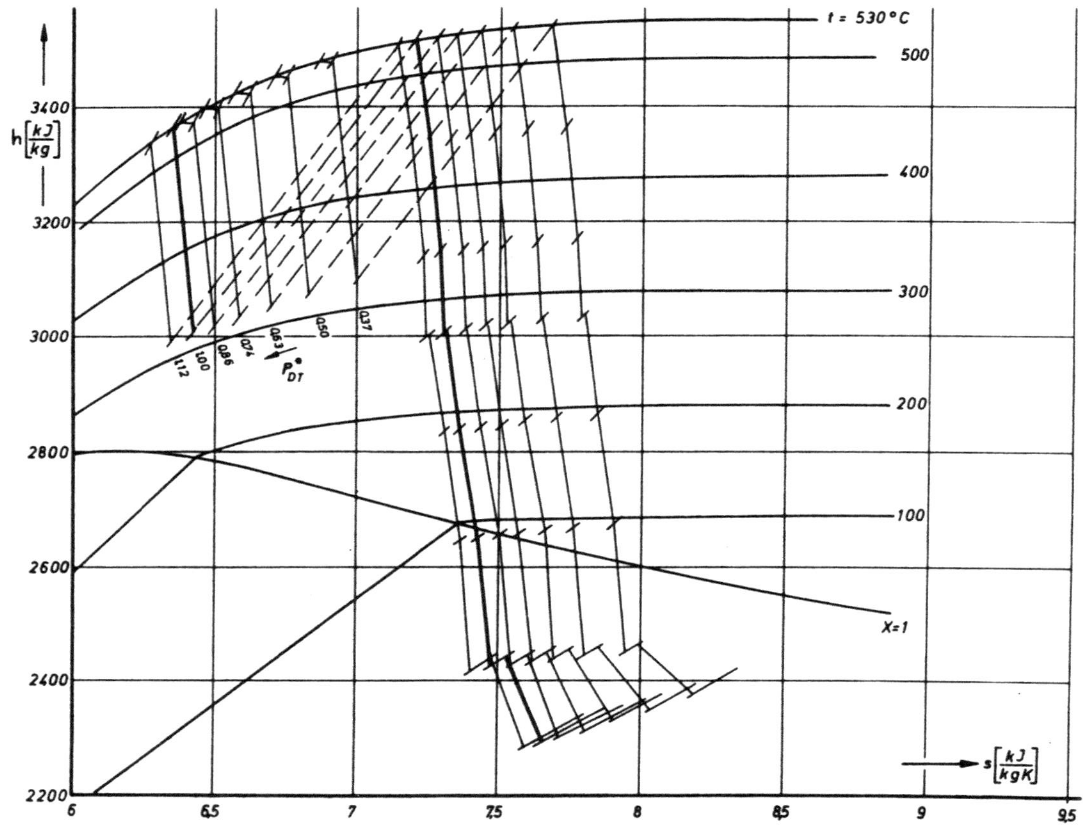

Bild 33: Expansionsverlauf im (h,s)-Diagramm bei verschiedenen bezogenen Klemmleistungen P^*_{DT}

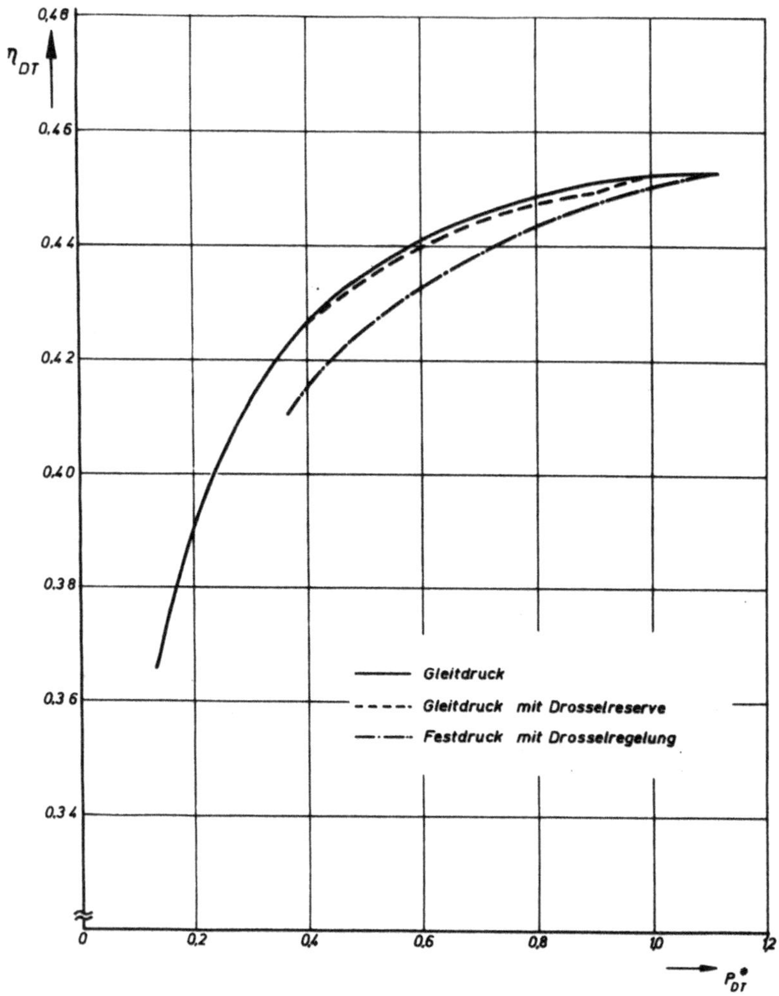

Bild 34: Klemmenwirkungsgrad η_{DT} als Funktion der bezogenen Klemmenleistung P^*_{DT} bei unterschiedlichen Regelungsarten

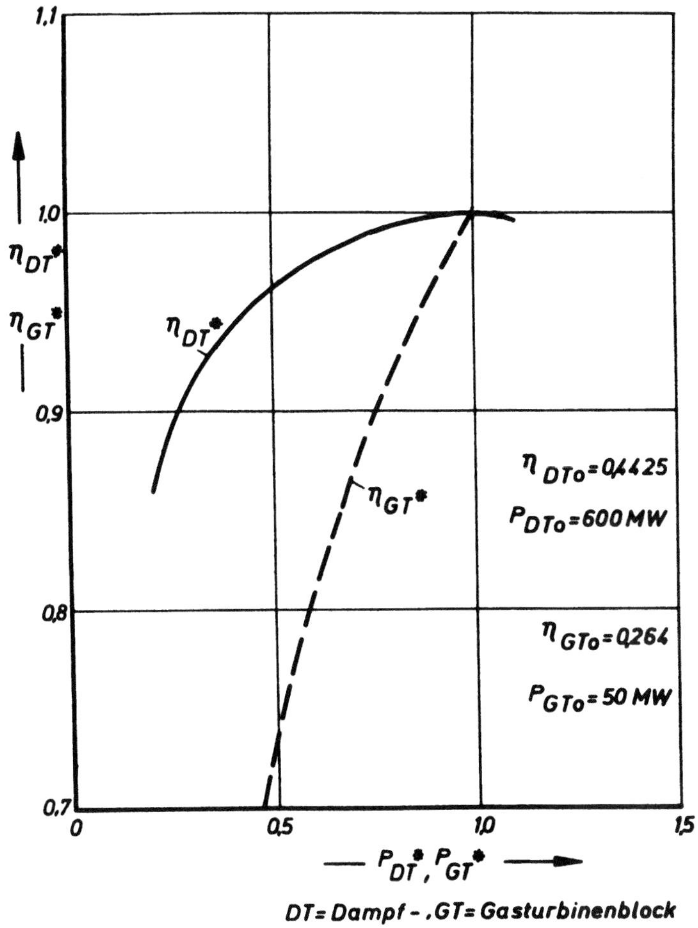

Bild 35: Bezogener Klemmenwirkungsgrad für einen Dampfturbinen- bzw. Gasturbinenblock als Funktion der bezogenen Klemmenleistung

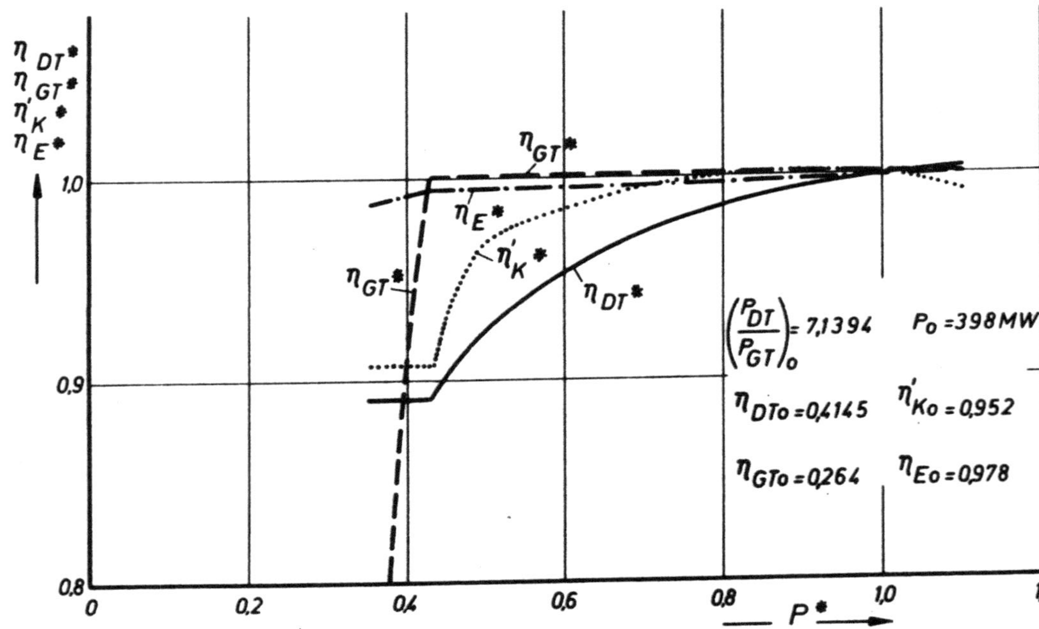

<u>Bild 36:</u> Bezogene Wirkungsgrade zur Teillastrechnung für einen Kombi-Block
Klemme (DT,GT) ; Eigenbedarf (E) ; Kessel (K)

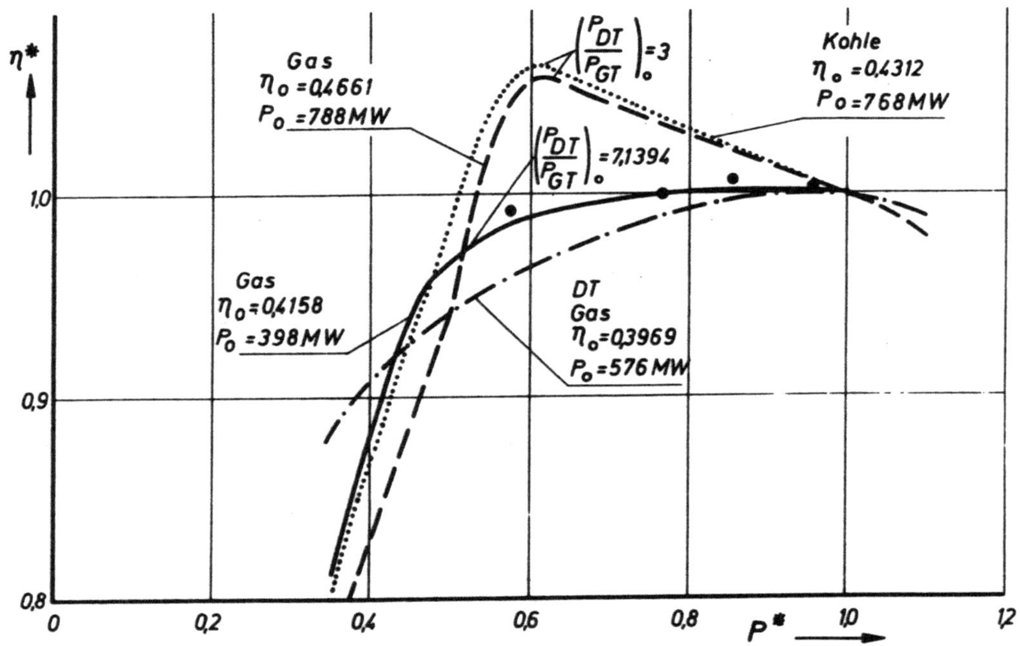

Bild 37: Bezogene Wirkungsgrade als Funktion der bezogenen Leistung (an der Unterspannungsklemme des Netztransformators ermittelt)

● ● ● Messungen /8/

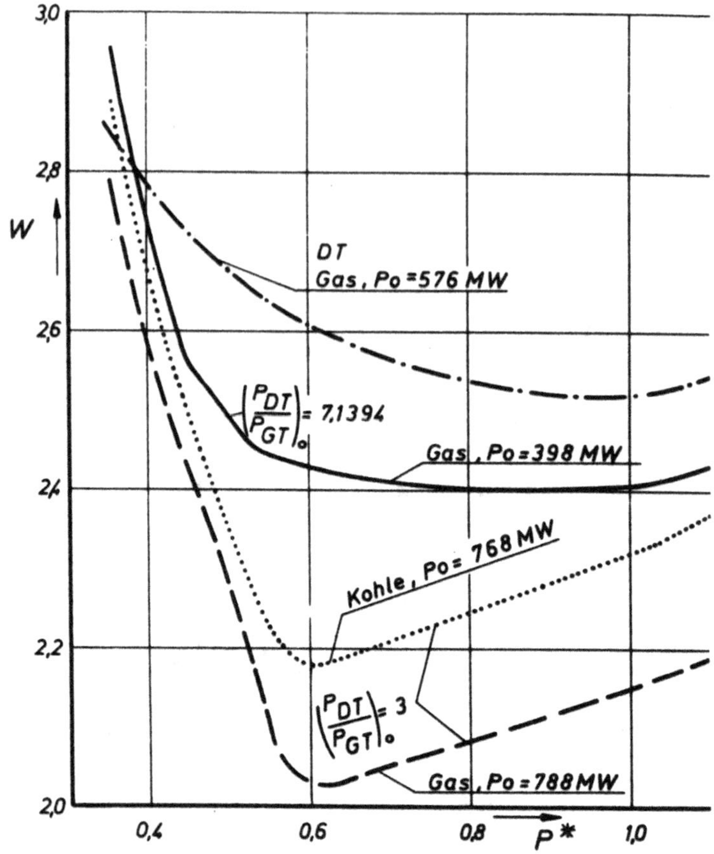

Bild 38: Spezifischer Wärmeverbrauch in Abhängigkeit von der bezogenen Leistung (an der Unterspannungsklemme des Netztransformators ermittelt)

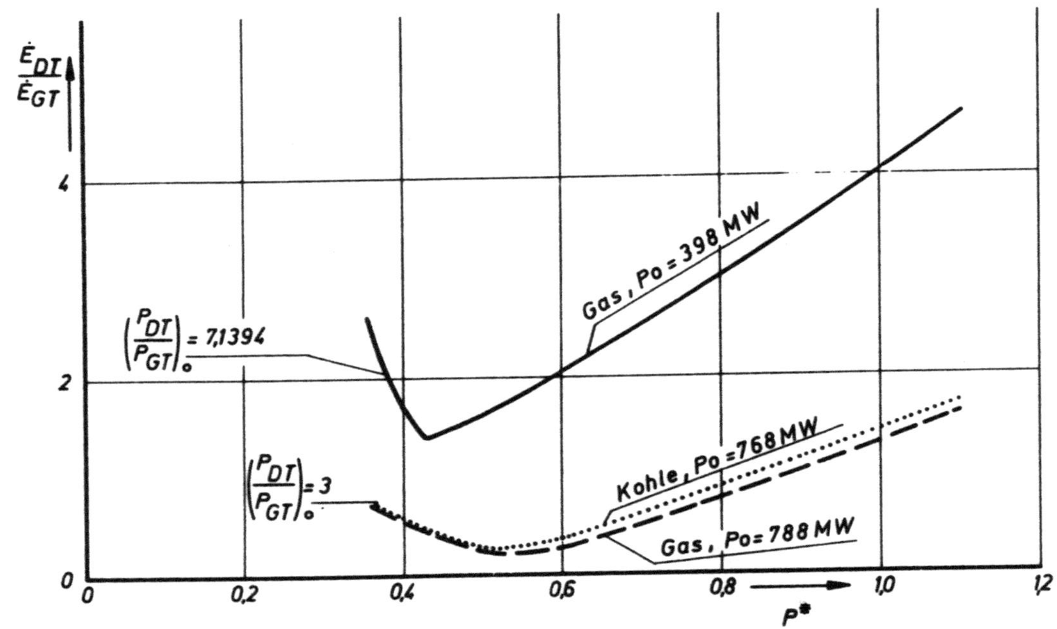

Bild 39: Verhältnis der zuzuführenden Primärenergieströme (Kessel / GT) als Funktion der bezogenen Leistung

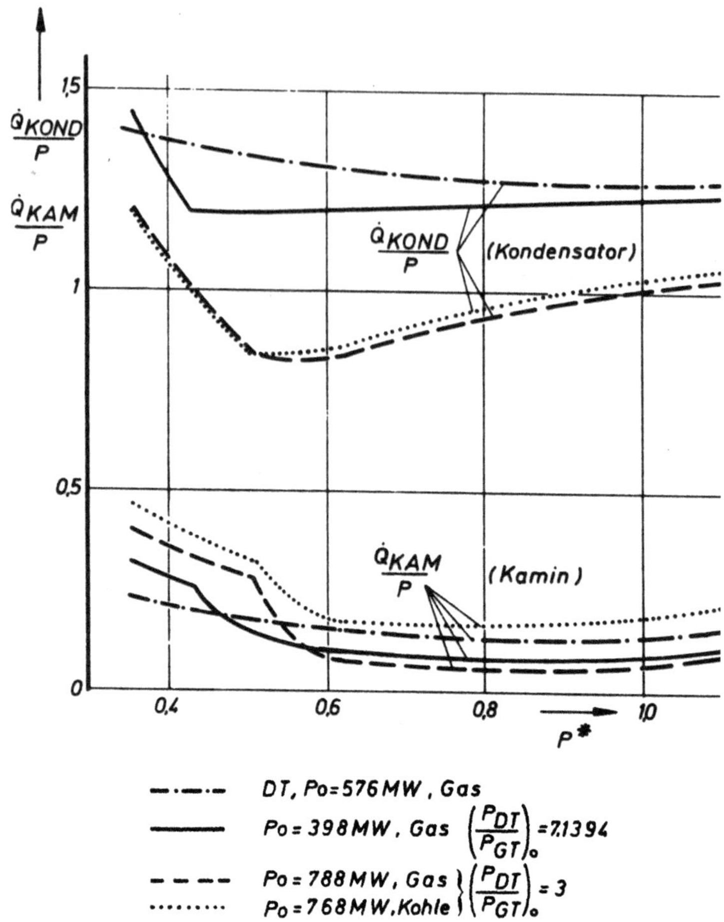

Bild 40: Im Kamin bzw. Kondensator abzuführende, bezogene Wärmeströme als Funktion der bezogenen Leistung

FORSCHUNGSBERICHTE
des Landes Nordrhein-Westfalen

Herausgegeben
vom Minister für Wissenschaft und Forschung

Die „Forschungsberichte des Landes Nordrhein-Westfalen" sind in zwölf Fachgruppen gegliedert:

Geisteswissenschaften
Wirtschafts- und Sozialwissenschaften
Mathematik / Informatik
Physik / Chemie / Biologie
Medizin
Umwelt / Verkehr
Bau / Steine / Erden
Bergbau / Energie
Elektrotechnik / Optik
Maschinenbau / Verfahrenstechnik
Hüttenwesen / Werkstoffkunde
Textilforschung

WESTDEUTSCHER VERLAG
5090 Leverkusen 3 · Postfach 300620

GPSR Compliance

The European Union's (EU) General Product Safety Regulation (GPSR) is a set of rules that requires consumer products to be safe and our obligations to ensure this.

If you have any concerns about our products, you can contact us on ProductSafety@springernature.com

In case Publisher is established outside the EU, the EU authorized representative is:

Springer Nature Customer Service Center GmbH
Europaplatz 3
69115 Heidelberg, Germany

Batch number: 10584556

Printed by Printforce, the Netherlands